湛庐 CHEERS

与最聪明的人共同进化

HERE COMES EVERYBODY

U0173711

基因科学的
25堂
必修课

基因
启示录

仇子龙 著

The Gene
Enlightenment

浙江人民出版社
ZHEJIANG PEOPLE'S PUBLISHING HOUSE

各方赞誉

　　科学家认识基因的一百多年历程，基因与人类社会近两百年的羁绊，基因治疗的最新进展，基因与人类的未来，仇子龙教授的《基因启示录》为你展现。

刘慈欣
雨果奖得主
畅销书《三体》作者

　　《基因启示录》贴近人类自身，深入浅出、有理有据，可以让读者从科学研究的案例中了解日常关心的和媒体炒作的热点基因问题，从本质上理解和反思基因究竟是什么，基因的作用和对我们的影响是什么。

饶 毅
分子神经生物学家
北京大学讲席教授

隐藏在基因里的信息可能是地球生命世界最大的秘密。从一万年前小心翼翼挑选小麦和水稻种子的人类先民，到一百多年前利用豌豆杂交研究基因遗传规律的孟德尔，到过去半个多世纪里 DNA 双螺旋的发现和中心法则的逐渐完善，对基因的研究和利用贯穿了整个人类文明史。在未来，理解基因，修改基因，甚至是设计基因，将很有可能彻底重塑人类世界的生活方式乃至社会结构。在这历史性的关键节点，子龙教授的这本基因读物恰逢其时。从他的书里，你能一站式领略基因的力量和美，人类理解基因过程中的光荣和困惑，还有更重要的，基因对每个人的现在和未来意味着什么。

王立铭

浙江大学教授

畅销书《上帝的手术刀》作者

　　仇子龙教授以一线知名生物学家的最新研究和透彻理解，向我们明快生动地展示了基因是什么，能够做什么，不能够做什么，让我们更好地认识自己，规划人生。

严　锋

复旦大学中文系教授

科学杂志《新发现》主编

　　在《基因启示录》中，我读到了子龙作为一个基因科学领域的一流科学家对这些问题的深入思考，值得现代社会每一个关心自身命运的人阅读体会。

李治中（菠萝）

科学家、科普作家

公益人士

我们绝大部分人，对自身的了解远比对外部世界的了解少很多。比如为什么一些人在某些方面显示出超人的天分，有些人容易得某些疾病，我们过去只是简单地将病因笼统地归结为自身的条件，甚至出于宣传的需要归结为努力或者运气。其实，在这背后起很大决定作用的是我们的基因。基因这个词大家并不陌生，但是大部分人除了经常在媒体上看到这个词，实际上对它所知甚少，更不清楚它是怎样对我们产生巨大影响的。仇子龙博士的这本《基因启示录》系统地介绍了基因科学和技术的方方面面，能够弥补大家在基因知识上的欠缺，让我们更好地了解自己，成为更好的自己。《基因启示录》这本书内容丰富、简明易懂，不仅可以教授我们关于基因从基础到前沿的知识，而且可以给我们很大的启发。因此，我强烈向大家推荐这本书。

吴　军

计算机科学家

风险投资人

　　基因科学是人类科学的最前沿。无论你学文还是学理，从商还是从政，了解基因都是时代青年的必修学问。仇子龙博士的这本书深入浅出，紧扣最新进展，是你迈入基因时代的陪伴书。理解基因，才能认识到"基因并非命运"。

姬十三

果壳创始人、CEO

推荐序一

李治中（菠萝）
科学家、科普作家
公益人

　　非常高兴能为好友仇子龙博士的科普新书《基因启示录》作序。我和子龙很有缘分，除了都是生物医学科研工作者，还都在美国圣迭戈待过挺长一段时间，现在又都定居在上海。有趣的是，在圣地亚哥时我们并不认识，直到绕了大半个地球，多年以后才在国内相识。

　　我和子龙成为好友，是因为科普。除了科研之外，我们俩都是科普爱好者，都喜欢写作和做讲座。我们的科研背景是有差异的，我侧重研究肿瘤，他侧重研究脑科学和发育。自从离开药厂，我现在的第一标签已经成了科普达人，但子龙的第一标签还是科研工作者，做科普是他的"副业"。

　　写科普作品其实很难，而且和科研完全是两种截然不同的思维，也需要两种截然不同的天分。正因为如此，科研做得好的人，未必能把科普写好。子龙是少见的两方面都做得很不错的人。子龙一直战斗在科研的第一线，在最近 10 年在自闭症等大脑发育疾病研究领域做出了一系列原创性的重大发现，也获得了国内青年科学家所能获得的大部分荣誉，包括国家级人才基金等。难能可贵的是，子龙不仅是一位优秀的青年科学家，也是一位优秀的科普工作者，长期活跃在科普的第一线，属于"科普国家队"的一员。子龙在各种场合做了大量针对自闭症和基因科学的科普报告，产生了很大的影响力。

这本《基因启示录》，是子龙博士的第一部科普作品。

基因方面的科普书市面上已不少见，但这本书有点不同，它没有从基因发现的历史以及基础科学知识讲起，而是直击主题，试图直接回答大众最关心的关于基因的问题。我想，一个不了解基因的人最想知道的有关基因的问题可能有以下几个方面：

基因与我们的行为、性格有关吗？
基因会决定我们的命运吗？
转基因食品安全吗？
基因突变会导致疾病吗？
基因导致的疾病能治疗吗？
基因编辑以后会改变人类的未来吗？
……

这些问题看似简单，但要真正做到让大众能看懂，则需要兼具科学素养和人文关怀，同时还得有优秀的表达能力。在这本书中，我读到了子龙作为一个基因科学领域的一流科学家对这些问题的深入思考，值得现代社会每一个关心自身命运的人阅读体会。

再次恭喜子龙，有了第一本面向大众的科普专著。中国的科普事业需要更多的科研工作者参与，期待有更多的科学家和受过良好训练的青年科研工作者加入科学普及的队伍中，对切实提高大众的科学素养做出更多的贡献！

致敬生命！

扫码获取"湛庐阅读"App，
搜索"基因启示录"，
获取仇子龙博士精彩演讲视频！

推荐序二

饶　毅
分子神经生物学家
北京大学讲席教授

本书围绕基因究竟是什么和大众日常最关心的相关问题及媒体讨论的热点，以科学家严谨的态度和通俗易懂的文字进行写作，从科普的角度，以人为本、循序渐进地阐述了在三维物理存在和行为认知为一体的生命体中，在造就个人特质的过程中，基因起到了怎样的作用，环境的影响又有多大。《基因启示录》能帮助我们认识和分辨基因与环境对人的作用，更有效地掌控命运的主动权。

全书分认识基因、基因与人、人类的觉醒、人类的反叛四大部分，每部分又包括多个章节，每章后面都有小结，全书最后提供了参考文献，可以方便读者思考和查阅。在加以说明时，作者都是以科学最前沿的基因发现研究为例逐层展开的。比如，发现人类不同于其他物种的语言能力竟然是由基因 FOXP2 调控的，发现使人的大脑具有更强可塑性的关键在于基因开关 MEF2A。

那么人的性格、行为认知能力，甚至人与人之间的关系在多大程度上是由基因决定的？答案是"很大一部分"——科学家在研究冲动性格的家系中发现了暴力基因 MAOA。科学家还发现，催产素是亲密关系的基因开关，既与爱情相关，也与亲子关系相关。甚至我们的记忆力和创造力，只有靠终生的持续学习，相关的基因才可以打开，才可以使我们保持长久的记忆力和创造力。那么肥胖和消瘦与基因相关吗？父母的习得行为会传给后代吗？我们是基因的奴隶吗？幼年的成长环境对一个人的命运（感知觉、智力发育和价值观）有多大的影响？关于这些问题，书中都给出了相应的回答。

作者从方法、视野和态度三个维度讲述了人类对基因的认识和操纵。依照作者的观点，如果说农业时代和工业时代社会发展的限制因素是能量和物质，在信息时代是通信，那么后信息时代的限制因素就是基因。人类突破基因在社会发展中的限制的策略是对基因进行操控，具体包括增强生产力（利用基因技术生产药物、利用转基因动植物生产食物）与修复自身。在此基础上，我们有了基因工程 1.0（如生产胰岛素）、基因工程 2.0（如抗体药、PD-1）和转基因农业；基因突变的活检技术及化学和免疫药物的开发，使人类对抗癌症及其他疾病的战役逐步实现了精准医疗。除此之外，作者还针对基因科学的边界、人类与基因的未来、人工智能等提出了展望。

在相关的章节，作者对一些被媒体误读、被大众误解的基因问题，以科学研究的原始数据和事实为依据，追根溯源，如对暴力基因 MAOA 的研究，对寻找所谓的聪明基因、基因优劣之争、转基因农作物的利弊纷争、基因编辑的伦理等问题，进行了澄清和说明，起到了正本清源的作用。

《基因启示录》贴近人类自身，深入浅出、有理有据，可以让读者从科学研究的案例中了解日常关心的和媒体炒作的热点基因问题，从本质上理解和反思基因究竟是什么，基因的作用和对我们的影响是什么。

我与基因的那些事儿

我对基因的痴迷，始于20多年前的大学校园。1996年，"人类基因组计划"已经启动，但当时的学术"大牛"几乎无人看好这个庞大的科学计划。美国和欧洲的一群顶尖科学家整天埋头苦干，对这个看上去"十分不可能完成的任务"究竟对人类科学能有多大贡献感到非常困惑。那时的我刚刚走进生物学的大门，每日钻研着基因科学的经典教科书《基因》（Genes）和孙乃恩教授领衔撰写的《分子遗传学》，深深痴迷于 DNA 双螺旋的美妙。

经典的生物学教科书一板一眼地讲解有关 DNA 的复制、转录和最终翻译成蛋白质的过程，生命的细节非常烦琐，讲述过程也谈不上什么趣味性。我被基因的美妙击中的那一刻，是读到教科书中讲解 λ 噬菌体自身基因调控的过程。

λ 噬菌体是一种专门感染细菌的病毒，在侵入了细菌的基因组之后，会首先对外界环境中的营养物质的丰裕程度做一个预判。如果外面有很多营养物质，λ 噬菌体就会立马劫持细菌的蛋白质机器帮自己复制，产生很多子代噬菌体，然后裂解细菌各奔前程。如果外面的营养物质匮乏，λ 噬菌体则会选择暂时待在宿主细菌的基因组里，这一过程又叫作溶原性反应。隐藏在宿主细菌基因组里的 λ 噬菌体会跟着细菌一起被复制繁殖。虽然溶原性噬菌体看上去人畜无害，但是它作为细菌病毒的本性始终没有改变，如果外界营养物质增多，伺机待发的噬菌体就会马上露出獠牙，启动裂解过程，牺牲宿主细菌繁殖自己的后代（见图 0-1）。

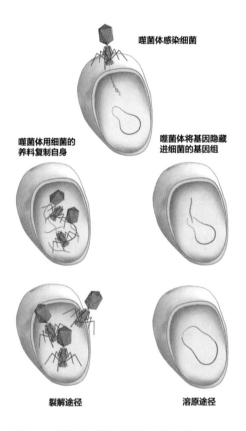

图 0-1　噬菌体感染细菌的两种途径

这两个选择听上去很聪明，但是你要知道，λ 噬菌体的 DNA 总长只有约 5 万个碱基对。这 5 万个碱基对头尾相接组成了一个封闭的 DNA 环，上面总计有 61 个基因，科学家把这些基因一个一个都分析清楚了，其中有 38 个基因是参与决定 λ 噬菌体究竟是走向裂解还是溶原命运的。这些基因就像精密仪器里的开关，上一个负责打开下一个……最终决定噬菌体的命运。最让我觉得震撼的是，我发现人类引以为傲的智慧根本不足以设计出任何生物系统。λ 噬菌体存在了上亿年，这些基因调控系统是随着演化一步一步获得的，其中的逻辑我们只能发现，却无法归纳。

生物学与其他的自然科学学科，如数学、物理学完全不同。具有人类顶级智慧的大科学家牛顿、爱因斯坦等可以凭借观察和逻辑推理计算出物理学的基本规律，甚至推演出宇宙星辰的运转规律，以及宇宙的起源，让人感叹，但我们现在仍然无法理解生命体的逻辑。这并非学者间戏言的"学科鄙视链"，因为再聪明的物理学家和数学家在生命体面前都是懵懂的孩童。

人类现在能做的，只是穷尽智慧去探索生命的奥秘，而根本谈不上去干预什么、创造什么。震动人类社会的 CRISPR/Cas 基因编辑系统也是这样，CRISPR/Cas 只是细菌数亿年前就演化完成的基因武器，人类只是刚刚发现而已。在生物体演化，尤其是基因演化的美妙面前，我彻底折服了。从那时起，我决心要倾尽一生去探索基因的秘密。

大学毕业以后，我在中国科学院上海生物化学研究所攻读博士学位，当时选定的课题是研究基因在细胞分化过程中的作用。每当工作到深夜，看着电脑屏幕上无穷无尽的 A、T、G、C 序列，那感觉就好像在仰望浩瀚星空。

2003 年，"人类基因组计划"的精细图谱绘制完成，我在中国科学院获得了分子生物学博士学位，进而在美国加州大学从事博士后研究，课题是研究基因怎样调控大脑的发育，并开始接触一系列由于基因突变导致的大脑发育疾病。当时全基因组测序技术价格昂贵，对生物学的专业研究者来说，基因组测序还是高不可攀的"黑科技"。

2009 年，我回国在中国科学院神经科学研究所组建了自己的研究团队。我领导的课题组是神经科学国家重点实验室的一部分，研究大脑发育和大脑疾病。在开展科研的过程中，基因组测序技术升级迭代，开始变成生物学研究的常规手段。在拥有了足够的资金和人才积累后，国内的生物技术与生物医药产业也开始慢慢进入发展的快车道。

从 2015 年起，我们开始运用这些强大的基因组测序技术针对中国自闭症人群展开大规模的基因组测序项目，第一次建立起中国自闭症人群核心家系的基因组数据库。同时，国际上对基因组数据的研究时常有颠覆性的成果发表出来。在 21 世纪的第二个 10 年，我们终于可以站在庞大的人类基因组数据库上，重新认识基因，重新认识基因与人类百年来的羁绊。

2018 年，机缘巧合，我应邀在提供知识服务的"得到"做一门基因科学在线课程，面对的是没有任何专业背景的听众朋友。在筹备课程的过程中，主编老师经常问我，对于某些科学事实，我自己的观点是什么。我的观点重要吗？平日给研究生上专业课时，我只须传授知识与技能，很少谈及自己的观点。在无数巨人走过的科学史上，某一个人的观点常常如同过眼云烟。"科学只与事实、与数据有关，与观点无关。"至少我以前是这么认为的。但主编老师告诉我，如果是给大众讲述科学知识，我需要表明自己的观点，这样才能让他们自己也开始思考，并形成自己的判断。我恍然大悟，确实，科学的发展不仅得靠数据的积累，也需要观念的迭代更新。

在准备课程的过程中，我浏览了市面上能找到的大部分基因科学与生物科学科普书籍，它们大多由国外名家写成，国内本土的生物学科普书籍非常少。在从事科普工作的过程中，我对国内读者在这方面的渴望深有体会。于是，在课程结束之后，我决定把自己总结的基因科学知识与前沿进展，再加上自己的思考，结集成书。我希望写一本不一样的基因科学科普书，跳出一个基因研究者的视角，从历史和社会的角度来看看基因科学对于人类社会在过去的 100 年中产生了哪些冲击。

在这里，我想阐述一下本书中关于基因的两个核心观点。

第一，基因不仅决定了生物体的物理组成，还决定着生物体的行为与认知。

基因的作用是编码蛋白质，蛋白质组成了我们的身体结构。大众，包括生物学家，对基因的认识往往停留在编码蛋白质、组成生物体硬件的层次上。而最新的科学研究已经发现，基因不仅决定了生物体的"硬件"，还决定了生物体的"软件"，那就是生物体的行为认知能力。

生物体的行为分为本能行为和习得行为。本能行为指不需要后天学习便能掌握的行为，比如小鼠看到头顶飘过一块黑影，便会马上躲到角落里瑟瑟发抖，因为这种黑影很像猎食小鼠的老鹰。小鼠的这种躲避天敌的本能完全是天生的，不需要跟着父母学习，只要生命中第一次出现黑影飘过头顶就会这样做。这种本能行为究竟是如何产生的？最新的脑科学研究表明，小鼠的这种躲避行为是由大脑中的神经元连接环路所决定的。他们还找到了决定这种本能行为的神经元连接，并发现这些连接模式在小鼠出生时就已经被固定下来了。由此可知，小鼠的本能行为是由大脑结构先天编码好的，不需要后天的学习。那么大脑的结构是由什么决定的呢？答案是基因。

人类的本能行为已经弱化了，但是这些决定动物本能行为的大脑环路其实还存在于人类大脑中。基因已经出现了 40 亿年，对动辄需要几十万、几百万乃至几千万年演化的基因来说，现代人类演化的几万年只是沧海一粟。这些决定本能行为的大脑环路对现代人类行为产生的影响也值得我们关注。

与本能行为不同，习得行为指通过学习获得的技能。在本书中，我们将通过解剖行为的三级反应链阐明基因的作用。基因决定了人类的行为认知能力，这种先天的能力后天能发挥到何种程度则要看家庭、社会环境、个人奋斗以及因缘际会等因素。

第二，基因并非命运。

了解了基因对生物体的重要作用以后，我们很容易就会想到，是不是人的一生都是由基因安排好的？社会中的所谓阶层和财富分配是否也与基因有关？在阅读众多历史文献和反复思考后我认为，基因绝非命运，考虑到人类社会的复杂程度，我们完全不可能从基因来预判一个人的事业成就和命运。

我曾遇到一位名校毕业、家庭与事业都很美满的女士，她对自己家族的基因非常自豪。我有点不忍心告诉她有关基因的真相，她的基因与其他事业比不上她的人相比并没有多大差别。

你可能会问，人类的智力是学习能力的反映，也是习得行为中认知能力的一种，因此也是由基因决定的吧？没错。但是人类整体的智商水平呈正态分布，超高的和过低的都很少，99% 以上的人智力水平都是差不多的。但是为什么社会财富会呈二八分布呢？所谓二八分布的意思是 20% 的人拥有 80%以上的财富。2019 年，美国的最新统计数据显示，1% 富有的人拥有 40% 的财富，那这个结果能说明 1% 的超级富豪基因更好吗？绝对不是。

财富与所谓的社会阶层受到家庭与社会等复杂因素联动产生的叠加效应的影响。说白了，人与人之间的基因差别，比社会中的贫富差距要小得多。优越家庭因素的形成跟社会环境有关，当然能维持多久得看后天努力，"富不过三代"的例子比比皆是。从另外一个方面讲，这个事实也让人感到欣慰，在目前的人类社会中，幸福确实是奋斗出来的，并不是由先天因素决定的。

西方国家经常会出现一些带有"种族主义"色彩的言论，比如因为欠发达地区人群的基因本身不够好，所以他们能力不足，无法过上富足的生活。这种观点可以说是西方大国沙文主义的现代幽灵。历史上要是没有西方殖民主义对亚非拉地区的极度剥削，亚非拉地区又怎么会进入穷者愈穷的恶性循环呢？本书在第二部分中会引用严肃的科学研究结果对这些观点予以驳斥。

从生物学角度来说，现代社会中的众生是平等的。每一个人都有成就一番事业的机会。那对于我们这些天生并没有含着金钥匙出生的一般人来说，究竟要怎么努力呢？智力不是由基因决定的吗，那后天还能怎么努力？很简单，基因给了人类学习的能力，我们不能浪费每个人都有的天赋。

从小时候的被动学习到长大以后的主动学习，学习是贯穿人们一生的主题。为什么我们要不停地学习？因为学习在大脑里打开了基因，产生的蛋白质让我们真正成为一个现代智人。正是这一生学习到的知识和技能让我们在人类社会拥有立足之地，能够成家立业。

当然，基因也给每一个人做了一些先天的限定，比如给了我们待人接物的不同角度和观点，让我们拥有多种多样的性格，甚至决定了我们的亲密关系，例如爱情。对，你没有看错，"问世间情为何物，直教人生死相许"的爱情其实也是基因的产物。人的这些特征都是由基因决定的，并不是由后天的环境和教育培养出来的。明智的做法是，不要跟基因对着干。

在可以预见的 100 年之内，人类社会都不会由于基因的差别而产生不平等。但如果我们运用最新的基因编辑方法人为修改人类的基因，对人类演化进行有意的干预，那就不好说了。

关于基因科技与人类的现在和未来，我有三个观点希望与你们分享。

第一，基因科技已经彻底改变了人类社会。

人类社会对基因的认识过程可以分为三个阶段：首先是 1900 年左右，科学家认识到基因决定了生物体的遗传性状；然后是 1953 年，沃森和克里克[①]发现了 DNA 的双螺旋结构，开始破解基因决定生物体性状的秘密；最后在 2000 年，"人类基因组计划"顺利完成，人类开始破解基因组的全景奥秘。

最重要的是，现在人类不仅是观察与探测基因，还学会了操纵基因这个生命的底层密码。科学家在 20 世纪 80 年代发现了限制性内切酶，掌握了操纵基因的第一个武器，引爆了基因工程革命。人们利用基因工程技术，借助细菌生产蛋白质药物，借助小鼠生产抗体药物。基因工程还改变了动植物的基因，永远地改变了人类社会流传千年的传统农业。2012 年，人类发现 CRISPR/Cas 基因编辑系统，驯化了细菌的基因武器，将其改造成了强大的基因编辑工具。现在基因编辑工具已经能准确修改浩瀚基因组里的任何基因，甚至具备了影响其他物种基因演化的能力。那么，拥有了这种"超级"能力的人类应该怎样用好这个能力呢？

---

① 沃森与克里克提出了著名的 DNA 双螺旋结构模型，堪称 20 世纪生物史上最伟大的成就，讲述 DNA 双螺旋结构发现历程的《双螺旋（插图注释本）》中文简体字版已由湛庐文化策划、浙江人民出版社出版。——编者注

虽然人类社会一万多年的历史在基因演化的长河中不值一提，但是由于人类演化出了文明，拥有了操纵基因的能力，整个生物界的演化历程即将被永久改变，这个改变是福是祸还未可知。

第二，基因科学仍然是人类科学的最前沿。

著名物理学家泰格马克在其著作《生命 3.0》(*Life 3.0*)① 中提出，人类基因组的信息只有 1GB，比我们日常使用的 U 盘还要小。一个 U 盘就能装下人类生命的全部秘密吗？我认为不太可能，人类对基因的认识还非常初级和粗糙。

那么，我们基因组里面究竟有多少信息呢？人类只有 2 万多个基因，但是人类基因组有 30 亿个字符，基因只占 3%。那剩下的 97% 难道都是垃圾吗？2019 年 1 月的两个最新研究发现，科学家原来以为是垃圾的这些 DNA，会在外界营养不足的时候帮助生物体生存下去。基因科学的最新进展再一次刷新了我们的认知。

有人觉得，我们可以不研究人类自身的智能，直接设计出和人类一样的智能，甚至是能打败人类的智能。我觉得这种想法可以算得上是"以其昏昏，使人昭昭"。

我亲身参与的国际科学合作表明，基因绝非人类智能的桎梏，而是人类智能的推手。如果我们连目前最高等的人类智能如何产生都不知道，设计下一代

---

① 这是一本历时 5 年，集结近 1 000 位人工智能界大佬的智慧，用 30 万字写就的诚意之作，可以帮助读者清晰认知人工智能的关键问题，同时理解活在当下的生命意义。本书中文简体字版已由湛庐文化策划、浙江教育出版社出版。——编者注

智能又从何谈起？忽视基因科学的人类社会不可能走得更远。

第三，运用基因科学治愈自身疾病，是人类当下的使命。

了解了基因的规律以后对我们当下有什么影响呢？既然人类不能对抗自然规律，那我们做什么还有意义吗？我们已经知道，太阳还有 50 亿年的寿命，那人类要在未来的生活中坐以待毙吗？当然不是，我们现在就在去往火星的路上，下一步是移民到太阳系以外，成为真正的星际物种。

生命的确是由基因决定的，知道这个规律以后，我们的人生是不是就没有希望了呢？人类是基因演化的巅峰，也是第一个可以反叛基因的物种。我们有能力与基因博弈，在博弈中寻找人类存在的意义。

作为研究基因的一线科学家，我一直在研究导致大脑发育异常的基因突变，并且密切关注修复自身缺陷的基因治疗方法。在经历了数十年黑暗中的摸索后，科学家们终于披荆斩棘，开辟出了基因治疗的道路。利用基因疗法对抗先天遗传病已经成为生物医药产业的前沿阵地。在成功控制了传染病之后，人类健康的最大威胁就是由基因缺陷导致的先天性遗传疾病。基因治疗的曙光即将引爆生物医药产业的又一次革命。本书在第四部分将会向你们介绍基因治疗的最新进展。

本书的最后，我会与你们分享我关于基因科学与伦理冲突的观点。在基因编辑技术的讨论中，与其被对未知技术的恐惧湮没，不如勇敢地了解它们，掌握它们。基因编辑技术本身一点儿也不可怕，就像核技术可以做原子弹，也可以用来建核电站一样。对于技术本身，我相信人类的智慧肯定可以找到正确的使用方法，但是在此之前，如果被少数别有用心的"科学狂人"或"科学流氓"来滥用，就可能导致社会大众对科学技术不信任，而对技术进步产生不可逆的副作用。技术的滥用对人类个体产生的损害将是整个社会的悲剧，科学共同体应该与社会大众携起手来建立科学的边界，一方面严格控制前沿基因技术的临床应用风险，另一方面也不能因噎废食阻止前沿科技的健康发展。

基因有基因的计划，但我们也有计划。人生的意义是我们自己定义的，不是基因赋予的。20 世纪，人类认识基因的过程就是在矫枉过正中来回反复。以史为鉴，我们需要建立起 21 世纪的基因观。

本书分四个部分，第一部分讲基因运作的基本规律和基因演化的神奇特点，偏重于基因科学的硬核知识。如果你是特别繁忙的商务人士，可以在阅读完第 1 章后直接进入第二部分。

第二部分讲进化而来的人类社会和文明与基因的羁绊。人类的性格倾向、亲密关系以及学习记忆的基因原理到底是什么？

第三部分讲述了人类认识基因的过程中，在方法、态度与视野这三个维度上的觉醒，以及人类在 20 世纪对基因认知的矫枉过正。

第四部分概述了基因科技在过去 50 年中取得的最新进展。我从半个世纪前的基因工程入手，讲解认识了基因和掌握基因编辑工具的人类已经做了什么和还打算做什么。此部分包括基因工程、转基因农业、疾病的基因检测以及针对先天和后天基因疾病的基因治疗方法。我会介绍基因编辑的最新进展，以及近年来基因科技与人类社会伦理的冲突与交融。

虽然这本书的大部分读者是社会大众，并不是生物学方面的专业人士，但我仍然希望其中的科学知识有据可查。凡是引用到的科学知识和最新发现，我都附上了原始科学论文的出处，作为参考文献。

在电影《后会无期》中，男主角想拉着一个宅男好朋友去探索世界，宅男不想去，推辞说："我和你的世界观不同。"男主角回答说："你连世界都没观过，哪来的世界观？"作为基因科学家，我很喜欢这句话。是啊，如果你连世界都没有见过，哪儿来的世界观，就让我们一起去看看这个真实的世界吧！

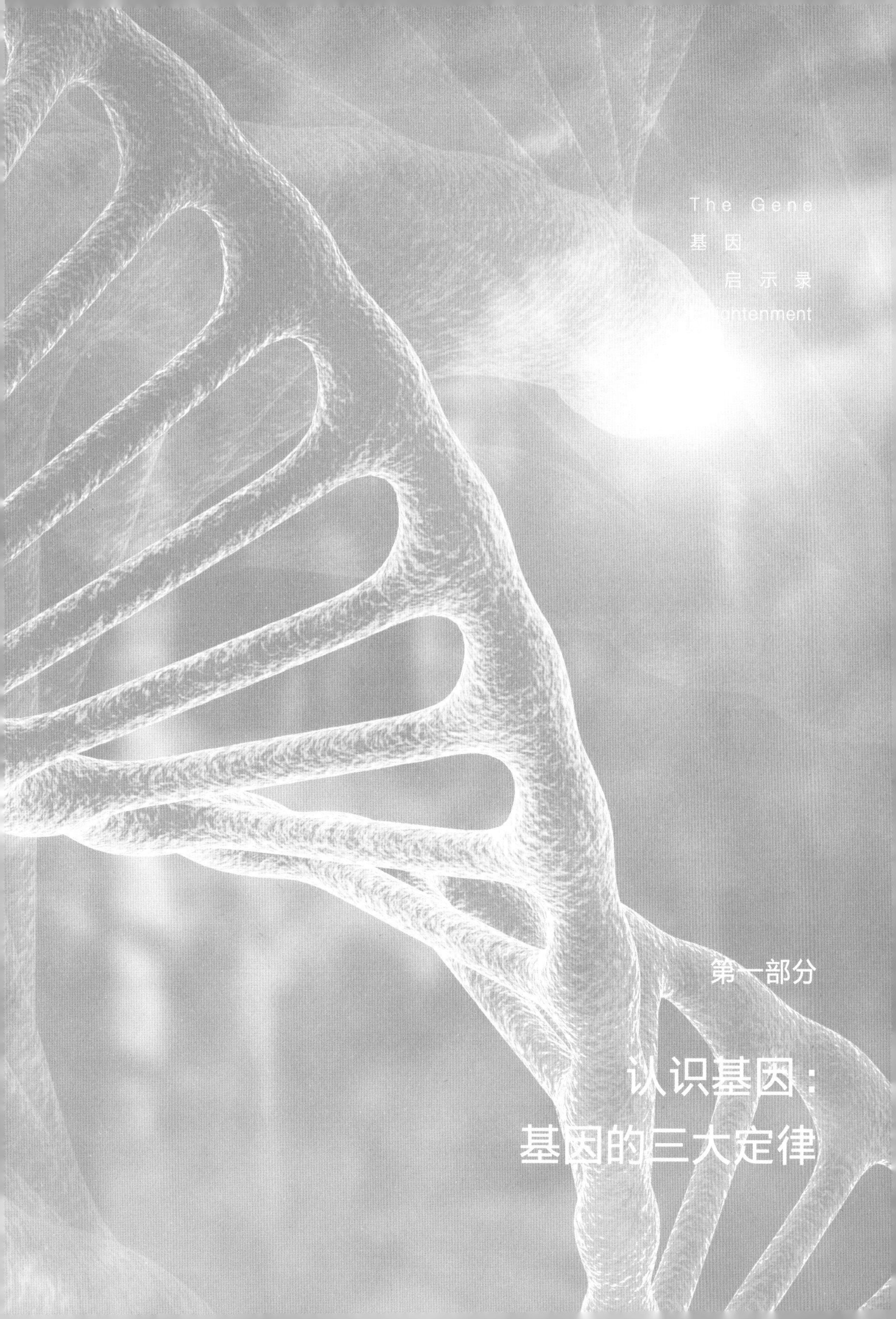

The Gene
基因
启示录
Enlightenment

第一部分

认识基因：基因的三大定律

01
基因是生物界的绝对主角

　　基因是什么？基因就是上一代传给下一代的遗传因子，包含着重要的遗传信息。遗传信息是什么呢？比如，代代相传的那些生物学特征就是遗传信息，茶花的种子长出来还是茶花，鸡蛋孵出来的还是小鸡，不会是小鸭子。父母通过基因把遗传信息传给了后代。

　　还有哪些重要的信息会由上一代通过基因遗传到下一代呢？对于动植物来说，从出生那一刻起，基因就仿佛决定了它们的命运，长什么样子，有什么习性，有什么本能，好像都是由基因决定的。基因好像决定了动植物的一切。人类是万物之灵，可以说已经脱离了通常意义上的动物界。那么，基因对人类的影响会不会不一样？基因会决定我们的身高、长相、智商、性格，甚至命运吗？这些问题正是我们在本书的前两部分试图解答的。

　　我想先回答一个最关键的问题，也是每个想了解基因的人最想知道的问题，那就是：基因对生命的影响到底有多大？

在回答这个问题之前，我们得先搞清楚基因是什么，基因其实是一种化学物质，这种化学物质你肯定听说过，就是大名鼎鼎的 DNA，中文叫脱氧核糖核酸。

基因是编码蛋白质的 DNA 片段

所有生物都是由细胞组成的，DNA 是细胞核里的一团酸性化学物质，呈双螺旋结构（见图 1-1），DNA 就是生物界的遗传物质。

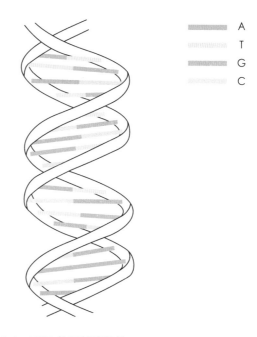

图 1-1　DNA 的双螺旋结构

DNA 是一部用 4 个字符写成的书——A、T、G、C，代表着 DNA 的 4 种化学成分，学名叫碱基。不管 DNA 这本书里有多少字词、多少句子，翻来覆去就是这 4 个字符，就像无限不循环的圆周率（见图 1-2）。不过，DNA 并不是无限的，人类的 DNA 总长度为 30 亿个碱基对。

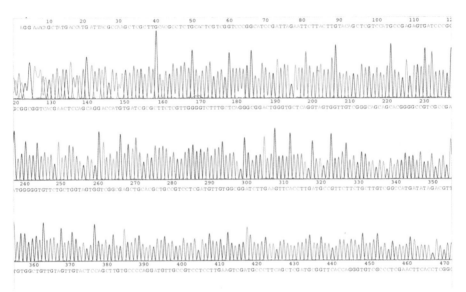

图 1-2　DNA 由四种碱基构成

图片来源：作者所在实验室。

基因是 DNA 这本书中有特殊意义的一些片段（见图 1-3）。有的基因比较小，有数百个字符；有的基因则很大，有数千个字符。有特殊意义的意思是，这些 DNA 片段负责编码蛋白质的信息，一个基因编码一个蛋白质（见图 1-4）。

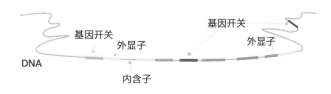

图 1-3　DNA 与基因的关系

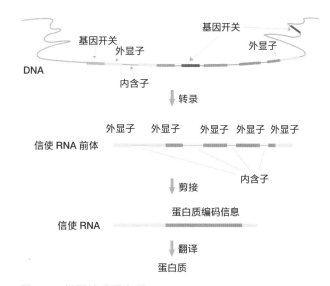

图 1-4　基因编码蛋白质

　　蛋白质我们很熟悉，它们是帮人体实现生理功能的重要生物分子。鸡蛋里的蛋清的主要构成就是蛋白质，其实我们浑身上下都有蛋白质，肌肉里有肌原纤维蛋白，皮肤里有胶原蛋白。不仅是人类的身体结构需要蛋白质，我们吃下去的食物消化分解产生能量也要靠千千万万具有分解食物功能的蛋白质。我们把这些具有分解食物功能的蛋白质叫作蛋白酶。

举个例子，有人酒量好，喝酒脸不红头不晕，那是因为他们体内负责分解酒精和消化酒精代谢产物的蛋白酶活性很高。酒精的化学成分是乙醇，乙醇进入体内以后首先会被代谢成乙醛，让我们脸红头晕的就是乙醛，而且乙醛对人体全身上下都会产生一定的毒性。能将乙醛代谢为无害的乙酸就要靠一种蛋白酶——乙醛脱氢酶。代谢酒精最关键的蛋白酶，也是决定酒量的蛋白酶是乙醛脱氢酶，而活性高与活性低的差别就体现在编码乙醛脱氢酶基因的一个碱基上，酒量好的人这个碱基是 G，而酒量差的人这个碱基则是 A。含有 G 碱基的基因产生的乙醛脱氢酶活力很高，代谢酒精很快；而含有 A 碱基的基因产生的乙醛脱氢酶活力则偏低，分解酒精代谢产物的能力很差。如果乙醛脱氢酶的活力差，一喝酒大脑里就充满了乙醛，人就会脸红头晕，也就是醉酒。从这个例子你可以看到，因为乙醛脱氢酶是基因编码的，所以酒量是天生的，后天可练不出来。

基因是生命大戏的剧本

很多人都说，基因是生命的建筑蓝图，我觉得这种说法不准确。没错，基因是一维的 A、T、G、C 碱基排列组合形成的信息，这些信息决定了物体的三维结构，就像根据图纸盖成大楼一样。

但是和大楼的图纸不一样的地方是，基因不仅含有生物体三维结构的信息，它还会指导生命的行为认知。我把生物体的行为认知能力定义为生物体的第四维度。没有任何一个生物体只会傻站着，不会对外界事物的变化做出反应。就算是植物也可以运用基因来对抗环境的变化。基因里必定还有第四个维度的信息。这与物理学的四维空间概念不同，是一种应对外界变化、处理输入信息、产生认知，然后做出一系列由简单到复杂的行为反应的能力。

图纸只包含固定的三维结构的信息，没有路线图和时间表。而基因是生物体四维信息的集合。这样看来，基因可不是一个建筑蓝图，更恰当的比喻应该是剧本。生物体从一个受精卵开始，按照基因事先写好的剧本上演着生命这出大戏。剧本里一般都交代了时间、地点、人物、事件，写好了结局，也写好了具体的情节演进。最关键的问题是：人生这出大戏，究竟是我们按照剧本一字一句演出的，还是我们瞄了一眼剧本然后即兴创作的呢？更直接的问题是，我们的人生是由基因决定的，还是由环境决定的呢？

大部分人认为，小孩子吃得特别好，就会长得高一点；吃得不好，营养不够，就会长得矮一点。也就是说，人的最终身高既有基因的作用，也有环境的作用，科学家称之为"基因与环境共同决定论"。该理论认为生物体是由基因与环境共同决定的。这其实是一个和稀泥的说法，用时髦的话说叫政治正确。真相是，这个说法没有告诉我们基因与环境哪个更重要。

在我看来，对当今的人类来说，基因是生命大戏的绝对主角，环境是配角。

基因决定生物体的三维属性

我从两个方面来解释一下原因。第一，基因决定了生物的三维属性。生物体的三维属性主要指那些可以被准确观察或测量的物理指标，比如身高、体重、肤色等。2018 年，国际生物学专业学术期刊《遗传学》（*Genetics*）上发表了一个最新研究成果，科学家用人工智能方法结合基因大数据研发出了一个深度学习算法，可以用一个人的基因数据预测他的身高。[1]

知道这个研究之后，我特意贡献出我的血样，提取了里面的 DNA，然后交给一位做基因测序与数据分析的同事，做了全基因组测序，并根据上述算法预测了身高。我实际身高为 174 厘米，基因预测结果为 171±5 厘米，误差 3

厘米，误差率为1.7%，这个结果可以说相当准确！

　　5厘米的误差范围代表着成长期的营养供应等外界因素对身高的影响。现在我们已经知道，幼年多喝牛奶有助于生长发育。第二次世界大战之后，日本甚至发起了全民喝牛奶运动，结果国民平均身高确实变高了（见图1-5）。但是身高会随着后天的营养供给无限制地变高吗？让我们仔细分析一下这个数据。

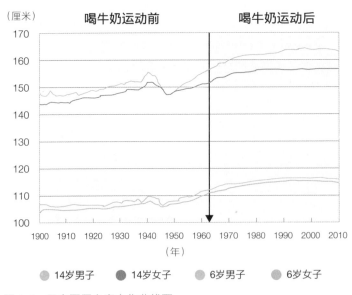

图 1-5　日本国民身高变化曲线图

　　第二次世界大战后，日本国民面临饥荒，14岁男孩的平均身高还不足150厘米。在经济复苏后的1960年左右，日本14岁男孩的平均身高猛增到155厘米。这部分的身高增长可以认为是满足基本营养需求后，人们的身高回到了正常范围之内。在倡导给青少年喝牛奶的运动之后，孩子们的平均身高继续攀升。日本青少年平均身高又增长了 5 厘米（14 岁男孩大约增高了 7 厘米，14 岁女孩大约增高了 3 厘米，而 6 岁孩童的身高增长未超过 5 厘米）。1975 年以后，日本青少年的身高就停留在了一个平台期，没有继续增长下去。

我们可以据此判断，喝牛奶运动带来的身高增量并没有脱离基因的预测。日本国民在第二次世界大战之前摄取的营养并没有达到最佳范围，因此喝牛奶运动促进了身高增长。但身高的上限显然是存在的，在 1980 年后，日本国泰民安，全民都享受到了很好的福利，营养摄入充足，但他们的身高并没有继续增长，而是保持在基因决定范围的上限。

通过基因测序，在孩子出生的那一刻，我们就可以知道孩子长大成人之后的准确身高了。同事对我开玩笑说，如果不考虑款式的话，以后你孩子出生的时候就可以把他一辈子的衣服买好了。这位同事能对我开玩笑，但面对自己的事就高兴不起来了，原来他对自己孩子的基因也进行了测序，结果让他有点儿失望。尽管他个头将近 180 厘米，但基因预测的结果表明，正在上小学的儿子长大以后的身高还不到 170 厘米。于是，同事给孩子制定了严格的饮食和运动计划，要求他多吃肉、多喝牛奶，不许宅在家里玩游戏，有机会就要出去多运动。

看来，就算是研究基因的专业学者，面对基因不那么如意的设定，也还是有些不甘心。不过，我觉得这位同事给孩子的安排有些无济于事。为什么这么说？我们再来看一下这个最新科学发现：用一个人的基因数据就可以准确预测他的身高。

这个发现表明，一个人的基因是从受精卵开始就定下来的事，一生都不会改变。预测身高就像是一个终点，我们能努力的空间并不大。这件事恐怖的地方在于，科学家并没有问被测试者的父母身高如何，家里富不富裕，喝不喝牛奶，爱不爱运动……他们什么都不需要知道！

换句话说，过去我们认为重要的因素，比如父母的遗传、营养状况、经济条件、运动习惯等，统统都不重要！基因早就安排好了身高的上限，对我来说，环境造成的误差只有 1.7%。从身高这个最常见的身体指标可以看出，基因决定了生物体的三维结构。外部环境无法提供充足的营养物质的情况下，确实会影响基因能力的发挥，但除此之外，基因几乎完全决定了生物体的物理属性，后天因素起作用的空间非常小。

基因决定生物体的行为认知能力

第二，基因决定了生物体的第四个维度，也就是行为认知能力。行为认知能力是一种应对外界变化，做出行为反应的能力。对处于社会生活中的人来说，这些能力很复杂，包括性格、与他人建立友情或亲密关系，还有学习认知能力等。那么，这些能力是由基因还是环境决定的呢？

2018 年，研究基因的科学家在顶级学术期刊《自然遗传学》(*Nature Genetics*) 上发表了一个重要研究结果。虽然这个研究在科学上很严谨，但是因为内容有点"政治不正确"，太具颠覆性，所以在主流媒体上完全看不到新闻报道。这个发现到底有多颠覆呢？美国和英国的科学家发现，只要分析基因，就能预测一个人能不能上大学。[2]

这个研究的初衷是寻找与受教育程度相关的基因位点。研究者根据 120 万人的基因数据和受教育程度，做了一个相关性研究。运用多基因分析方法 (polygenic score)，研究人员找到了 1 200 多个基因位点。他们认为，既然这些位点与一个人的受教育程度有关，那说不定这些基因也决定了一个人的学习和认知能力，也就是我们常说的智力水平。

一般的科学研究也就到此为止了，但是这些科学家有点不安分，他们根据这些位点，做了一个给基因评分的工具，然后又找了 10 000 个 50 多岁的志愿者，拿这些志愿者的基因数据测算分数。研究人员预计，基因得分高，说明人们更聪明一些；而基因得分低，就说明人们可能稍微逊色一些。科学家希望明确根据测算得出的基因分数跟人们进入大学有没有关系，虽然这个测算有点事后诸葛亮的嫌疑，但结果把科学家们足足吓了一跳。

科学家发现，研究对象的基因分数居然和他们是否接受大学教育呈正相关！与基因得分低的人相比，基因得分高的人接受大学教育的可能性是前者的 5 倍（见图 1-6）。

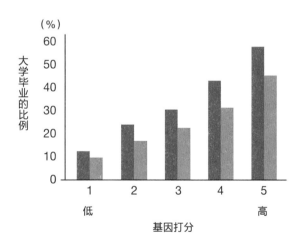

图 1-6 基因得分与大学毕业相关性示意图

横坐标是基因打分从低到高，纵坐标是完成大学的比例。两种不同颜色是在两个不同人群里的验证结果，每个人群 5 000 人左右。

这个研究说明，美国和英国中产阶级家庭出身的孩子能不能上大学跟家里有没有钱、父母重不重视教育没多大关系，纯粹看自身能力。而且这个自身能力的强弱可以通过分析相应的 1 200 个基因位点来比较准确地判断。虽然这个研究针对的是接近退休年龄的人群，但是已经可以说明，基因可以相当准确地预测出一个人的智力水平，尤其是他能否进入大学。

可以想见，进行这项研究的科学家们显然不会对还没有上大学的小朋友们进行评分，尽管结果可能会比较准确。我想很多人也会拒绝这个检测。试想一下，如果你的人生信条是"我的人生我做主"，你正在准备考大学，但是基因测试结果告诉你，你不可能进入大学，你是否愿意听从基因的安排呢？

更有甚者，许多反乌托邦小说里会写到根据基因等先天因素来分配社会资源的故事。我真的不太敢推演这个发现带来的社会学影响。这也是这个非常重要的科学发现发表在一流的学术期刊《自然遗传学》上，但并没有被主流媒体广泛报道的原因。

讲到这里，你可能还是会想，基因真的能准确预测人们能不能上大学吗？这里，我们需要理解一个非常重要的概念，即行为认知能力。运用这些能力，你可以接受高等教育、写出畅销书，或者成为拥有千万粉丝的"网红"等。

现实生活中，我们往往只能看到一个人运用能力的结果，却看不到能力本身。比如说一朵花在温室可以开一周，但是放到野外，这朵花在风吹日晒中只能开两天。这些差别是受环境影响的结果吗？是的，但只是环境对结果的影响，并不是环境对这朵花的能力的影响。

能否进入大学其实是一个多种因素作用的结果。这一结果意味着你要接受大约 15 年的系统化教育，拿到大学学位。这个结果不仅取决于你自身的能力，还包括你的家庭条件好不好，父母是不是重视教育，学校氛围好不好等因素。

刚刚那个实验的研究对象是美国和英国中产阶级家庭的孩子，他们家境比较富足，上不上得了大学更多地取决于孩子自己的能力。所以，我们可以把他们是否进入大学看成他们能力的体现。与此同时，研究者也发现，对非裔美国人群体来说，基因的预测就不那么准确了。研究者认为，非裔美国人往往生活在环境比较糟糕的社区中，这种环境也会影响对孩子的教育。非裔美国人社区里的孩子，就有点像荒郊野外的花朵——就算自己有能耐，也没法尽情开放。

从这个研究我们可以看出，行为认知能力是由基因决定的，不过环境确实会影响最终的结果。根据基因预测一个人的行为认知能力，听起来还是非常不可思议。你可能会问，那这些基因得分更高的人，认知能力更强，也更聪明，他们的人生会更成功吗？如果用比较世俗的标准"家庭收入"来衡量的话，答案是，并没有。

一项最新的科学研究用数十万人的基因组数据与他们的家庭收入做了相关性分析，结果发现基因与家庭收入的关联程度非常低。换句话说，人生的事业成功与财富积累并不是基因给你的，或者说光靠基因还远远不够。基因给了你能力，但幸福还是奋斗出来的。[3]

好，让我们回到最初的问题，基因对生命的作用有多大呢？现在答案应该已经很明显了，基因就是生命舞台上的绝对主角。基因不仅决定了我们身体结构，还决定着我们的行为认知能力。基因事关每个人的命运，人类和基因的精彩故事也才刚刚开始。我想借用一句自己很喜欢的斯多葛学派的名言来与你共勉，"给我胸怀接受我不能改变的基因，给我勇气改变我能改变的命运"。希望这本书能带给你智慧，去分辨这两者的区别。

在接下来的三章，我希望全景式地讲解一个大问题，即基因是如何运作的。这个大问题可以被拆解成三个方面：

第一，基因决定律，即基因是怎么展开成活生生的生命的。

第二，基因工作律，即基因是怎么工作的。

第三，基因演化律，即从生命诞生的 40 亿年前到现在，基因是怎样演化、迭代、更新的。

了解了这三大定律，你就能全方位、近距离地看看生命这出恢宏大戏是怎么上演的。

章后小结

1. 基因是上一代传给下一代的遗传因子，包含着重要的遗传信息。

2. 基因是编码蛋白质的 DNA 片段，DNA 由 4 种碱基构成，人类的 DNA 总长为 30 亿个碱基对。

02

决定律：
基因是生物体四维信息的集合

从一维基因到三维生命

一维的基因怎么就变成三维的生命了呢？生物体，包括人体，都是从一个受精卵发育而来的，受精卵是由父亲的精子和母亲的卵子融合形成的一个细胞。一个小小的细胞居然能长成一个活生生的人，看上去多少有点匪夷所思。而在几百年前，当古人刚刚开始思考这个问题时，他们甚至会认为在最初的细胞里面是不是藏着一个很小的人，然后随着从环境中摄取营养物质，这个小人逐渐长大，变成了大人的样子。

后来人们知道，受精卵里并没有藏着小人。真实的故事是这样的，受精卵会不停地分裂（见图 2-1），一分为二、二分为四、四分为八、八分为十六……一直分裂出人体里的大约 50 万亿个细胞。当受精卵分裂为八个细胞的时候，每个细胞还是一模一样的。但是从八个细胞以后，每一个细胞的命运就发生了变化，变得五花八门。

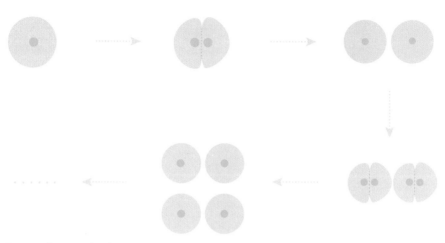

图 2-1　细胞分裂示意图

　　不同的细胞里含有不同的蛋白质，具备不同的功能。有的细胞含有胶原蛋白，组成了皮肤，得时刻保持弹性，还得抵挡病菌入侵。有的细胞含有肌原纤维蛋白，组成了心脏肌肉，负责让心脏一刻不停地搏动。那这些蛋白质是怎么来的呢？蛋白质是基因存储信息的产物，每一个基因都能生产一种蛋白质。我们把基因产生蛋白质的过程叫作基因的"表达"（见图 2-2），基因"表达"的过程分两步。

　　第一步，基因在一些蛋白质的帮助下，将信息传递到另一种物质 RNA 里去，RNA 是基因产生蛋白质的"中间人"。因为它能准确地传递信息，所以我们也叫它信使 RNA。这个过程叫作从 DNA 到信使 RNA 的"转录"，就好像信息被抄录了一样。

　　第二步，信使 RNA 把这些信息运输到细胞里的蛋白质合成工厂——核糖体，最终产出蛋白质，这一步骤在生物学上叫作"翻译"。意思是 DNA 版本的 A、T、G、C 信息最终被翻译成了生物体需要的语言——蛋白质。

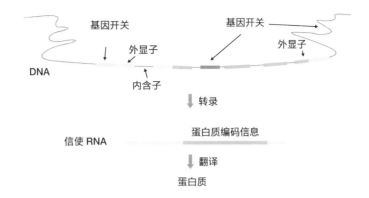

图 2-2　基因的表达

　　但这里有个问题，在细胞一分为二的时候，基因也被完整复制了一份，所以最初受精卵里的基因和后来形成体内所有细胞里的基因其实都是一模一样的。那么，为什么不同细胞里面的蛋白质不一样呢？因为每个细胞每时每刻只有不到一半的基因在表达蛋白质。在不同的细胞中，这些正在表达蛋白质的基因并不相同，所以不同的细胞会含有不同的蛋白质。

　　生命的信息就这样不断地由基因传递出来，产生各种各样的蛋白质，形成各种各样的细胞，最终构成了我们的生命。这个过程听上去顺理成章，不过在生命从一维到三维展开的过程里，其实有一个问题困扰了科学家好多年，直到最近才找到了准确答案。这个问题是，第一个基因是怎么表达的？也就是说，谁是基因剧本的第一个读者？基因形成 RNA 不是需要蛋白质帮忙吗？受精卵里带几个蛋白质可以吗？

　　事实并不是这样的。为了在孕育生命的过程中轻装上阵，精子和卵子里面除了 DNA，几乎没有其他任何物质。一般细胞里用来阅读 DNA 信息的蛋白质并没有被装载在精子和卵子里，而 DNA 又不会自己读自己，那谁来负责读取生命的第一个基因信息呢？有一本书叫《从 0 到 1》，书中提出，从 1 到无穷大比较容易实现，而从 0 到 1 这个过程最为艰难，这个观点在生物学中是非常正确的。最新的科学研究表明，读取生命第一个基因信息的，是卵细胞里的信使 RNA。这些信使 RNA 就像是卵子的娘家带来的彩礼，肩负着启动新生命的重任。它们自己先翻译成为蛋白质，然后去读取生命剧本的第一行字，开启生命最初的信息传递。[4]

基因决定生命的第四维度——行为认知能力

知道了基因如何决定三维展开，还只是第一步。一个不会对外界环境变化做出反应的生命是无法生存的。植物虽然不会动，但它们也会对气候变化及土壤酸碱度的变化做出迅速的反应。由此可知，生命还有第四个维度，也就是对外界环境变化做出相应行为反应的能力，对复杂的动物而言，这个过程中还会产生认知，所以我们把这个维度统称为"行为认知能力"。那么，基因是怎么决定行为认知能力的呢？

行为认知能力看起来很高级、很复杂，其实背后的逻辑很简单。所有的行为都遵循一个三级反应链：第一级，感受信息；第二级，判断抉择；第三级，做出反应。不管是单细胞生物，还是哺乳动物，甚至人类都遵循这一原则。感受信息需要感受器，判断抉择需要处理器，做出反应需要反应器，这些器官都由蛋白质构成，而这些蛋白质都是基因编码的，这就是基因决定行为认知能力的基本逻辑。如果基因发生了变化，我们的行为认知能力就会随之发生改变。

举个例子，人类眼睛的视网膜中有一些感光蛋白，就是由基因编码的、可以感受颜色的感受器。有些人是红绿色盲，他们无法分辨红色和绿色，这是因为他们体内的一个基因产生了突变，导致眼睛里的感光蛋白无法区分红光和绿光波长的差别，感受器发生了变化，最终影响了他们的行为，让他们没法分辨红色和绿色，甚至无法区分红绿灯，也难怪各国法律都禁止红绿色盲患者开车了。

三级反应链虽然能解释一切行为，但是不同的行为之间还是有差别的。我们可以把行为分为两类，第一类叫本能行为，指那些不需要学习就能掌握的行为能力，比如说饿了就找东西吃，或者大老远看见天敌来了就赶紧跑；第二类叫习得行为，意思是需要通过学习获得的行为能力，在学习的过程中获得新的信息，积累经验，产生记忆，下次行动时还能表现得更好。比如说，老鼠经过复杂的路径探索，发现了一家人每天在把垃圾丢弃在垃圾分类站前面放置湿垃圾的地方，于是老鼠每天就会按时跑过来找湿垃圾吃。在这个过程中，老鼠会通过空间记忆能力，记住复杂的路径，形成寻找食物的能力。

这两种行为有什么不一样呢？我们先来看看本能行为。每个人身体里都有一种细菌，叫大肠杆菌。它们驻扎在我们的肠道里，可以说是和人类终生相伴。大肠杆菌只有一个细胞，但它也有本能行为，大肠杆菌天生就会主动"游"向食物，逃离危险。它是怎么做到的呢？大肠杆菌的细胞膜上有许多蛋白质感受器，用于探测外界的化学物质变化。如果环境里含有过多的氢离子，换句话说就是有强酸，细菌的感受器马上就会被氢离子激活，发出信号——"强酸来了"。收到信号的处理器就会下命令——"赶紧跑！"接着，细菌的反应器——鞭毛，就会赶快蠕动，让细菌往强酸的反方向逃跑（见图 2-3）。

在这个最简单的生物体的本能行为中，你仍然可以看到完整的行为反应链：感受信息——→判断抉择——→做出反应。对细菌来说，它们接收信息的"器官"是由一个蛋白质构成的氢离子感受器，而在复杂的哺乳动物身上，感受器则演化成了结构精妙的鼻子、耳朵和眼睛，能接收的信息也从简单的氢离子浓度，变成了五颜六色的外部世界。细菌的抉择取决于几个蛋白质的相互作用，而在哺乳动物大脑中也是如此，只不过规模大得多，也复杂得多。反应机制也是一样。不同生物的各种器官看上去千差万别，但是在我看来，它们的底层逻辑都是一样的，都是基因编码行为的反应链。

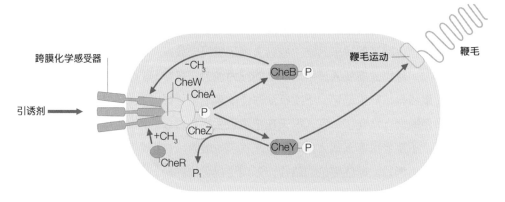

图 2-3　细菌的趋化性反应示意图

图中的 Che 等符号代表一系列蛋白质，都由不同的基因编码。

　　本能行为的三级反应链比较简单。大肠杆菌只要检测到有强酸，就会马上逃跑，处理器不需要对酸性信息做进一步的分析处理，不需要知道浓度有多高，是什么类型的酸等。这就是本能行为的特点，处理器不会储存信息，而习得行为就需要储存、处理信息。

　　我们来看看细菌的习得行为，主要体现在细菌跟天敌厮杀的过程中。细菌的天敌是比其本身还小的细菌病毒——噬菌体。顾名思义，噬菌体专门感染细菌，通过牺牲细菌来完成自身的繁殖。噬菌体感染细菌的方法很巧妙，它能把自己的 DNA 像打针那样注射进细菌里，然后使细菌的蛋白质为自己工作，复制出很多子代噬菌体，完成繁殖（见图 2-4）。

细菌当然不会坐以待毙，当噬菌体的 DNA 进入的时候，细菌的感受器蛋白马上就能侦查到天敌的 DNA 入侵。接着，处理器会发出重要的指令，让细菌的反应器开始反击。细菌的第一套武器比较简单，主要是通过基因编码 DNA 切割蛋白酶，专门负责对入侵的噬菌体 DNA 进行切割，就好像城门上的大炮。

细菌的第二套武器比较高级，能把噬菌体的 DNA 信息给储存下来，存到自己的基因里去，就像用人脸识别系统记住罪犯的面容一样。这样的话，如果噬菌体再侵犯，处理器就会把这些 DNA 信息提取出来，然后生产出一段专门瞄准这段 DNA 的 RNA，指挥 DNA 切割蛋白酶把这个再次来犯的敌人干掉。这就是一个典型的习得行为。虽然反应链还是三级，但是处理器和反应器更为复杂，包含了对信息的接收、储存以及提取。

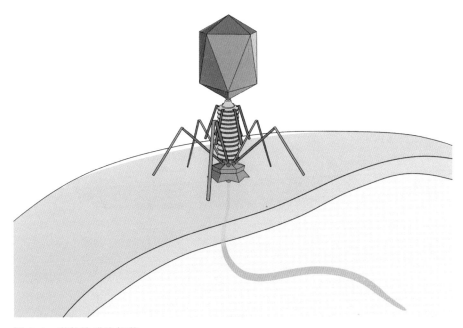

图 2-4　噬菌体感染细菌

图片来源：齐昕。

这个细菌的保卫战是不是很精彩？其实，这第二套武器就是大名鼎鼎的CRISPR/Cas 系统（见图 2-5）。[5] 这个系统在 2012 年被人类发现，进而开启了基因编辑时代[6]，成为人类操纵基因的利器[7]。第一套武器里的 DNA 切割蛋白酶也不简单，它的名字叫"限制性内切酶"，在 1970 年被人类发现后，引爆了生物技术革命。本书的第四部分会详细讲解这两个细菌里的基因武器怎样改变了人类社会。

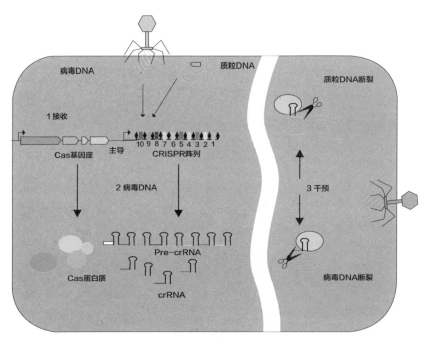

图 2-5　细菌的 CRISPR/Cas 系统

人类的行为反应链

基因通过编码三级反应链中的感受器、处理器和反应器，决定了生物的本能行为和习得行为。无论是单细胞生命，还是复杂的哺乳动物，你都能发现这种感受信息——→判断抉择——→做出反应的三级反应链。

这个原则也适用于人类吗？当然。人类也遵守基因的法则，不过人类的行为认知模式更为复杂。和其他动物不同，现代人类出生以后不再需要躲避天敌，面对的外部世界也不再是丛林大海，而是更复杂的人类社会。为了在社会中生存，我们得学会跟其他人相处，得有待人接物的能力。为了养活自己，我们要通过多年的学习积累知识、掌握技能，并通过与其他人交换劳动成果，获得必要的生存资源。

这一切可比大肠杆菌面对的环境复杂多了，因此人类行为的三级反应链也展现出了非常高级的形式。我们的本能行为已经很少了，几乎所有的行为都是后天习得的。我们的感受器，除了动物也有的视觉、听觉以外，还能处理复杂的语言和文字信息，处理器则演化成了独一无二的大脑。人类的反应器不仅包括负责躯体运动的四肢，还得掌握人类独有的语言能力，能委婉或直接地表达自己的观点。

尽管看上去非常复杂，但是基因也会像编码大肠杆菌趋利避害的习性那样来编码人类个体对社会环境做出的种种反应。你喜欢参加派对还是宅在家里，对人是热情还是冷漠，在政治上是保守派还是自由派，这些其实都作为个人对外界环境产生的行为反应过程，被基因所编码。

明尼苏达双生子研究

那科学家怎么知道基因与人类的性格特质有关呢？ 大自然母亲给我们提供了非常重要的实验素材，那就是双生子，俗称双胞胎。同卵双胞胎由同一个受精卵分裂而来，所以他们的基因是一模一样的。与异卵双胞胎及兄弟姐妹相比，如果某些因素在同卵双胞胎中更为相似，那我们就可以知道，这些后天因素更有可能是由先天的基因决定的。

　　20 世纪 80 年代，美国明尼苏达大学的研究者收集了上千对双胞胎的资料，包括他们的日常行为习惯与智力水平等资料。在这个著名的研究中，科学家发现同卵双胞胎的身高、体重等身体指标确实比兄弟姐妹更为相似，基因因素的贡献率是 80%。而让科学家吃惊的数据是，这些同卵双胞胎的智力水平也远比其他兄弟姐妹更为相似，基因的贡献率是 75%。这是说我们的智力水平是由基因决定的吗？科学家还发现了一些更震惊的数据，通过对数千例成年双胞胎进行调查、统计，他们发现无论人们的社会地位、家庭收入、受教育水平和婚姻状况如何，同卵双胞胎的幸福感都远比其他兄弟姐妹更相似。科学家估计基因对幸福指数的贡献率可能会接近 80%！这是不是说，无论命运多波折，一个人是否开心、乐观也是由基因决定的？

　　我们应该如何看待这些研究呢？首先，明尼苏达大学的这个双生子研究有个大前提，都是在相对比较富足的社会环境中进行的，受教育程度与经济条件等都不是限制因素，因此基因的作用得到了充分体现。但是，如果社会环境的差异过大呢？人类社会的变迁是非常大的，我们已经知道了在社会环境不成为限制因素时，基因的作用非常强大，但是在社会条件还不够富足的情况下，基因是否能够发挥作用，能够发挥多大的作用，则与个体在社会中遇到的具体环境密切相关。

1. 基因决定了生物体的三维展开。受精卵在发展为一个生命体的过程中，需要从 DNA 到蛋白质的信息传递，而生命的第一个推手可能是卵细胞中的 RNA。

2. 基因决定了生命的第四个维度——行为认知能力。所有行为都是通过感受信息——→判断抉择——→做出反应这个三级反应链来进行的。感受器、处理器和反应器是由蛋白质构成，由基因编码的。

3. 人类行为虽然复杂，但也遵从三级反应链，只是表现形式更加高级。

03
工作律：
基因的开关、分工及层级管理

　　基因从一维信息变成四维生命的过程，就是表达出蛋白质的过程。三维的身体需要无数的蛋白质，感受信息、判断抉择与做出反应的行为过程也需要数不清的蛋白质。那么，基因是怎么保质保量地生产出那么多蛋白质来满足身体需要的呢？

　　能够代表现代工业生产水平巅峰的，要数特斯拉公司的超级汽车工厂。在那里，你几乎看不见工人，只能看到几千个机器人忙忙碌碌，每周能生产出几千辆电动汽车。即使是这样，超级汽车工厂还是很难达到设计产能，因为总会发生各种故障，影响生产效率。你可能想不到，你身体里就有比特斯拉的超级汽车工厂还要繁忙的地方，那就是细胞。每个细胞只有几十微米大小，必须用显微镜才能看到。细胞工厂里的繁忙程度和生产效率绝不亚于特斯拉超级汽车工厂，而且耗能还很低，你只要每天按时吃三顿饭就行。现在我们就一起去看看人类身体里神秘的细胞工厂，看看里面的基因到底是怎么工作的。

基因的开关

基因最核心的工作是什么？就是生产蛋白质。科学家把这个工作形象地称为开关，被打开的意思就是基因正在工作，产生蛋白质；被关闭的意思就是基因停止工作，不产生蛋白质。

在上一章，我们说了基因产生蛋白质有两个步骤。第一步是细胞核里的基因会被蛋白质按照 A、T、G、C 的顺序合成信使 RNA。第二步是信使 RNA 会被运送出细胞核，在细胞质里产出蛋白质，组成细胞的各种成分，运送到需要的地方去行使生理功能。

基因的分工

在这个过程里，基因具体是怎么工作的呢？特斯拉的超级汽车工厂里有专门的生产机器人和质检机器人。这些分工明确的机器人高效配合，才能在很短的时间内生产出那么多汽车。基因生产蛋白质的过程也有分工吗？是的。

所有生物的基因都可以分为三类，工人基因、管理者基因和信号兵基因。工人基因，顾名思义，指的是细胞工厂里的主力军，它们生产的蛋白质构成了我们的身体，比如肌肉里的肌原纤维蛋白、皮肤里的胶原蛋白、分解食物和产生能量的蛋白酶等。

管理者基因生产的蛋白质有个特点，它们永远待在细胞核里，对身体的三维结构和生理功能不产生实质性影响。那它们在干什么？原来，它们就像公司管理层的经理和高管一样，不干脏活、累活，只干管理工作，只负责管理工人基因的表达。

信号兵基因生产的信号兵蛋白质，负责把重要的信号传达给管理者，告诉它们在什么时间、什么地方，打开什么基因。管理者基因什么时候开始工作，什么时候按兵不动，必须听从信号兵的指令。

简而言之，三种基因是这样配合工作的：信号兵传送基因开关的信号，收到信号的管理者发出打开或关闭工人基因的命令，开始或停止合成蛋白质，而被合成的工人蛋白质则负责去身体里干活，维持机体的正常运转。

这里用皮肤细胞的生长来举例说明。让皮肤细胞开始生长的是一种蛋白质，学名叫表皮生长因子。皮肤细胞的表面有一种感受器，是一种工人蛋白质，它能专一识别表皮生长因子，学名叫表皮生长因子受体。一旦表皮生长因子出现，这种感受器就能马上向细胞内发出信号，说明细胞要生长，要繁殖！那么，谁来接收指令呢？信号兵蛋白质。信号兵蛋白质揣着信号从细胞质跑进细胞核，然后把指令"赶紧开始生产细胞生长分裂需要的工人蛋白质"递给管理者，接着管理者照章办事，开动细胞工厂的生产机器。从生长信号被感受器发现，到第一个工人蛋白质被生产出来，整个过程只要短短几分钟。

这样的基因表达过程，在我们身体的每个细胞里每时每刻都在发生着。我们身体里大概有 50 万亿个细胞，每个细胞中都有 2 000 ～ 3 000 个基因在同时表达。这个工作强度和效率丝毫不比特斯拉超级汽车工厂逊色。

读到这里，你可能会说，这个过程好像蛮有意思的，不过我们为什么需要知道这些？不知道这些，基因每天不也照常上班干活吗？让我们换一个细胞分裂的场景，你就知道为什么了解这个过程对人类来说生死攸关了。

众所周知，癌症就是细胞生长失控。比如，肺癌就是本来应该由表皮生长因子来激活感受器和信号兵，然后促进细胞生长的基因才能被打开，但是在肺癌组织里，表皮生长因子感受器的基因发生了突变，就算没有表皮生长因子，也会疯狂地给信号兵发送生长信号，于是细胞就疯狂分裂，产生了癌症。

那如果我们能找到药物把这些发疯的表皮生长因子感受器给精准地干掉，是不是就能阻断癌症了呢？这正是癌症病人使用的分子靶向药的原理。目前全世界的癌症病人正在用着 20 多种靶向药，每年产生数百亿美元的销售额。分子靶向药是一些小分子化合物，它们专门针对那些发生了突变的感受器和信号兵，对正常蛋白质的伤害非常小，实现了对癌变细胞的精准杀灭，是人类与癌症斗争的重要武器。

图 3-1 是一个细胞接收表皮生长因子信号之后生长和分裂的简单基因表达过程示意图。我们来做一道简单的思考题，这些基因产生的蛋白质中哪些是工人，哪些是管理者或信号兵呢？答案是生长因子、受体——工人；信号蛋白质——信号兵；转录因子——管理者。

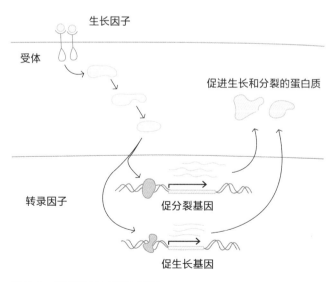

图 3-1　基因表达过程示意图

层级管理

　　如果有信号从细胞外传进来，基因表达的过程就如上图所示，不过这里面好像还有一个"鸡生蛋，蛋生鸡"的问题，如果说打开工人基因的是管理者基因编码的蛋白质，那谁来打开管理者基因呢？原来基因的管理方法跟公司的组织架构居然非常类似。管理者基因里也分部门负责人、区域负责人和总经理等，由上级领导下级。管理者层层下达工作指令，均由上一级的管理者基因负责打开下一级的管理者基因，而最低一级的工作指令会直接打开工人基因（见图 3-2）。

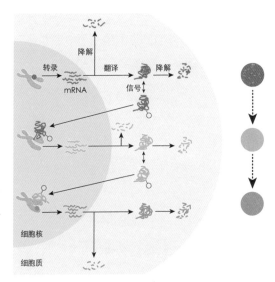

图 3-2　基因的层级管理示意图

　　你也许还会追问，层层管理总有个头啊，最上级的管理者基因是谁？细胞这家工厂有没有首席执行官呢？还真有。20 世纪 80 年代末，科学家从肌肉细胞里找到了一个基因，取名为 MyoD。经过十几年的研究，科学家发现，MyoD 就是一个首席执行官级别的管理者基因，因为它能单枪匹马地改变细胞的命运。在运转良好的皮肤细胞的管理者基因和工人基因中加入 MyoD，就能马上启动一大批本来处于关闭状态的肌肉细胞管理者基因，打开肌肉细胞的工人基因，产出各种肌纤维蛋白，把皮肤细胞变成肌肉细胞。

细胞的命运是基因决定的吗？在进行下一步讨论之前，我们先来了解两个重要概念——终端分化细胞与干细胞。皮肤细胞或肌肉细胞在生物学上被称作终端分化细胞，意思是它们的命运已经注定，无法更改，要么在岗位上工作一辈子，要么光荣退休，也就是衰老以后被分解，回收再利用。

在这两种细胞走上工作岗位之前，也就是它们还没被决定成为皮肤细胞还是肌肉细胞的时候，我们称之为干细胞。干细胞的含义是能成为任何细胞的细胞。受精卵中最厉害的就是干细胞，因为它可以成为全身上下无数种不同命运的终端分化细胞。身体生长就是干细胞分化形成不同种类的细胞的过程。

回到之前的问题，终端分化细胞的首席执行官基因是被谁打开的呢？答案是干细胞里的管理者基因。MyoD 基因是干细胞分化形成肌肉细胞的过程中被上一级管理者基因打开的。那么，干细胞里的管理者基因的上级又是谁呢？最初的最初，是我们讨论过的那个从 0 到 1 的问题，我们猜测，是卵细胞带来的彩礼打开了第一个基因，启动了这一切。由此可见，从 0 到 1 真的很重要，质变以后都是量变。

既然 MyoD 基因能让皮肤细胞变成肌肉细胞，那有没有基因能把终端分化细胞的命运转回干细胞呢？这个想法听上去有点逆天改命的意思，仿佛痴人说梦，实际上却在 2006 年被科学家成功实现了（见图 3-3）。一位叫山中伸弥的日本科学家使用 4 个基因成功将小老鼠的皮肤细胞逆转为干细胞，这种干细胞被命名为诱导性多能干细胞（induced pluripotent stem cells）。这个发现让他在 2012 年拿到了诺贝尔生理学或医学奖。

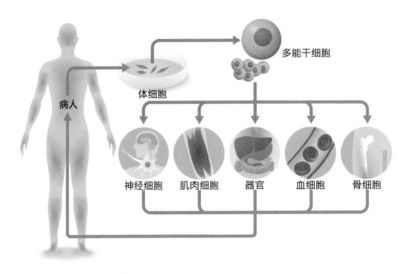

图 3-3　逆转细胞的命运

　　细胞的命运这么转来转去可不是纯粹为了好玩，而是有着重要的应用价值。你可能知道帕金森病，其病因是大脑中负责分泌多巴胺的神经元死亡，机体逐渐产生了运动功能障碍。病人最需要的是"补充"死亡的多巴胺神经元，但如果"补充"的是其他人的细胞，很可能出现免疫排斥反应，最好的办法是移植自体细胞。那么，我们如何得到病人自己的神经元呢？我们身体里的其他细胞，比如皮肤细胞，甚至肝脏细胞都可以用穿刺活检的方法取出那么一点，然后扩增出来。唯独神经元不能这么操作，因为神经元都被层层保护在头骨里，如果一旦有任何创伤就有可能导致糟糕的感染，最严重的后果是危及生命。对病人来说，神经元几乎是无法获得的细胞之一。

　　有了这个逆转细胞命运的方法，我们就能变一个魔术，来获得病人自己的神经元：先取下一丁点儿的患者自己的皮肤细胞，然后把这一丁点儿组织里的成千上万个细胞逆转成干细胞，接下来就可以利用干细胞可以分化成多种细胞的特点，使干细胞分化成多巴胺神经元。有了病人自身的细胞产生的神经元，我们就可以把这些神经元移植回患者大脑，而不会有任何的免疫排斥反应，这样不就能治疗帕金森病了吗？2018年11月，日本京都大学的科学家们开始了临床试验，希望运用这种干细胞疗法来治疗帕金森病。

因为大脑里的神经元并没有再生能力，所以获得新的神经元就成了治疗神经退行性疾病和其他一些疾病的重要方法。利用患者自身的细胞进行逆转实验，还可以避免不同机体之间的免疫排斥反应。免疫排斥反应的意思是，人体的免疫系统会随时监控不属于自身的蛋白质和器官的入侵，因此用异体细胞或者器官做移植，都会受到机体的免疫排斥。一般在做器官移植手术之后，病人都需要服用大量用于抑制免疫系统功能的药物，来压制免疫排斥反应。但是可以想到，压制免疫系统功能的副作用就是容易被细菌和病毒感染。用自体细胞逆转成多能干细胞，再使多能干细胞定向分化为神经元，我们就找到了"补充"病变损失细胞的一种独一无二的方法。

俗话说，是药三分毒，干细胞疗法看上去很美好，实际上也不可避免会产生副作用。因为干细胞，特别是多能干细胞自身的分裂能力太强了，如果被直接移植入身体，几乎无一例外会产生肿瘤，虽然一开始形成的肿瘤是良性的，但很有可能发生癌变。

即使我们能够将多能干细胞诱导分化成多巴胺神经元，但因为细胞分化过程有快有慢，万一分化完成的多巴胺神经元里面混进了几个尚未分化的多能干细胞，这一团细胞被直接移植入病人的大脑，就成了隐藏的地雷，说不定哪天就会发生癌变。这一点简直是研发这种干细胞疗法的科学家和医生的噩梦。怎样避免这种情况发生呢？能不能绕过多能干细胞这种特别容易癌变的细胞，直接把患者的皮肤细胞或其他的终末分化细胞变成我们想要的神经元？

这种最新的基因魔法已经取得了成功，它的名字叫作"转分化"。科学家在尝试了许多基因组合之后，发现完全可以用几个基因把皮肤细胞，甚至血液里的免疫细胞直接转变为神经元。[8] 有了这种方法，我们就能避开有可能癌变的多能干细胞了，这极大地拓展了干细胞疗法的应用场景 。[9] 研究基因的工作原理很重要，不管是研发抗癌的分子靶向药，还是干细胞疗法，都需要我们搞清楚基因是如何工作的。

1. 基因最核心的工作是生产蛋白质。基因的角色有三种，管理者、工人和信号兵。细胞外的信号由信号兵传给管理者，然后管理者负责下达开关命令，由工人基因生产出蛋白质，实现有机体的生理功能。

2. 基因的管理是层层分级的。上级管理者基因负责打开或关闭下级管理者基因，最顶层的是首席执行官基因。每一种细胞的命运都是由首席执行官基因来决定的。

3. 研究发现，我们能把终端分化细胞变回干细胞，也能把一种细胞直接转变为另外一种细胞。转变细胞命运的干细胞疗法可以用于治疗那些目前无药可治的疾病。

04
演化律（上）：
基因突变

俗话说"龙生龙，凤生凤，老鼠生儿会打洞"。这句俗语告诉了我们一个重要的遗传学原理，即基因会遗传，上一代什么样，下一代也会是什么样。但是从生命诞生的 40 亿年前到现在，地球上不知道出现过多少物种，如果基因一直是由上一代原封不动地传给下一代，怎么会出现那么多物种呢？

这背后的道理很简单，基因会演化。演化这个词听上去有点学究的意味，用时髦的话讲，叫迭代更新。现在流行一种说法叫"小步快跑，试错迭代"。这还真不是互联网公司的发明创造，40 亿年前诞生的基因就一直在用试错来更新自身。基因怎么试错呢？你可能听说过"基因突变"这个词，这就是基因演化中的一种试错，但并不是唯一一种。这一章我们先来看看基因是怎么"试错迭代"的。

既然 DNA 是遗传物质，那么它的核心任务就是要从上一代传递到下一代。在这个过程中，DNA 需要复制自己，从一份变成两份。从 30 亿个 A、T、G、C 碱基需要复制出另外 30 亿个 A、T、G、C 碱基，可以想见生物体复制 DNA 的精度极高。

但生物不是机器，抄个书也有走神抄错的时候。DNA 那么长，复制的时候难保不会出错，比如 G 被抄成了 C，A 被抄成了 T。为了少出错，DNA 复制过程中，会有一大群蛋白质负责检查错误，一旦发现抄错了，就要纠正过来。但百密一疏，总有一些没有被纠正的小错误会传给下一代。如果这个错误不小心发生在基因上，改变了蛋白质的性质，就形成了我们说的基因突变。突变，顾名思义，就是突如其来、预料不到的改变。

DNA 复制发生突变其实非常罕见，概率只有十亿分之一，意思是每复制十亿个字符才会抄错一个，所以又被叫作点突变。顺便说一句，复制过程中发生突变是 DNA 本身的特点，不管是细菌的 DNA 还是人类细胞里的 DNA 都一样会发生基因突变。

基因突变后会怎么样呢？举一个大家熟悉的例子，那就是癌症。一个控制细胞生长的基因如果发生了点突变，它编码的蛋白质的功能就可能发生改变，导致细胞失去正常的生长控制，产生癌症。许多癌症就是因为关键的基因发生突变引起的。

不过，基因突变也不都是不好的。在生物学里，我们把 DNA 复制过程中产生的错误叫作"variant"，意思是差异，这并不是贬义词。因为基因突变在一个场景下导致的生存劣势，在另外一个场景下可能就是优势。镰刀形细胞贫血症就是因为负责生产血红蛋白的基因上出现了点突变，但是携带这个点突变的人的血细胞不容易被疟原虫感染，因此获得了抵抗疟疾的优势（见图 4-1）。

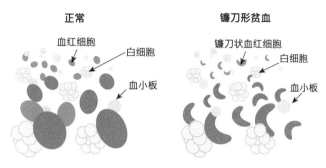

图 4-1　镰刀形细胞贫血症患者的血红细胞

脆弱的基因

我们知道，基因异常强大，编码着生物体的四维信息。既然基因保存着如此重要的信息，那么生物体是否需要用一个超级安全的保险柜把基因锁起来，否则怎么能安全传递上亿年呢？实际上，"保存"基因的生物体是血肉之躯，而不是金刚不坏之身，那么生物体究竟是怎么安全"保存"基因的呢？

与其用超级保险柜把这个传世宝贝锁起来，还不如尽快传递给下一代，这就是生物体采用的策略。这样做的一个重要原因是，基因虽然强大，但也有它的脆弱之处。除了在 DNA 复制的时候发生突变，基因还有可能被外界有害的化学物质或者高能物理射线所损伤，而且就算没有外界有害因素的破坏，基因自身甚至也在时时刻刻发生着没来由的突变。

福岛事故的破坏

2011 年 3 月，日本东部发生大地震，福岛核电站由于工作人员处理不当，导致核燃料流入大海。这是自 1986 年切尔诺贝利核电站事故以来最严重的一次核事故。坦白地说，相比其他能源，核能源其实相当安全，也非常清洁，不会产生过多污染环境的废料。那为什么福岛核事故引起了全世界的广泛关注呢？我们究竟在担心什么？你可能知道，核燃料具有放射性，那放射性为什么会对人体造成伤害呢？原因很简单，放射性会直接破坏我们的基因。

2017 年 2 月，一位参加了 2011 年福岛核电站事故后续处理的工人向日本札幌地区法院提出诉讼，要求认定他于 2012 年到 2013 年间所患的膀胱癌、胃癌与结肠癌为工伤。之前的核电站事故中也有不少导致人类罹患癌症的案例，这究竟是怎么回事呢？核燃料的放射性主要是指核物质会发射出高能射线，这种射线能够直接破坏 DNA 的化学结构。面对这种破坏，基因有三个选择，第一是马上启动 DNA 损伤修复机制，亡羊补牢。第二，如果基因损伤太多，无法修复，细胞就会启动自毁机制，对受伤的细胞实施安乐死。为什么要安乐死呢？因为如果基因发生了突变，还没有及时修复，就会导致第三种灾难性的情况。

在第三种情况下，如果细胞没能修复损伤的 DNA，也没能及时启动细胞自毁机制，高能射线碰巧又将这些负责修复损伤的 DNA 破坏了，或者将制止细胞分裂的基因破坏了，细胞就会疯狂生长，产生肿瘤，即我们熟悉的癌症。

基因突变与癌症

癌症就是由基因突变引起的，那么除了遭受核辐射的癌症病人，其他绝大部分癌症病人的基因突变是什么引起的呢？

第一，从父母遗传而来。你也许会问，如果导致癌症的基因突变从父母那里来，那父母也会患癌症吗？不一定。基因突变与是否患癌症之间并不存在 100% 的因果关系。只有当基因突变糟糕到一定程度，出现了细胞无法修复、无法自毁等情况才会导致癌症，而生物体的细胞其实是有能力把这些基因突变控制在一定范围的，因此，即使携带着某些基因突变也并不一定会患癌症。

第二，自发产生。这个"自发"指自然而然地发生，即使你什么坏习惯都没有做，生活规律，坚持锻炼身体，也有一定的可能性患上癌症。

了解了这些重要的知识之后，我们应该如何面对癌症呢？这个话题先给大家留个悬念，我们在本书的第四部分再讨论。

接下来我们来看看当代钢铁侠埃隆·马斯克的故事。马斯克雄心勃勃地想要帮助人类移民火星，但我觉得他的计划有个最大的问题。不是火箭的运载能力不够大，不是火箭燃料不够持久，也不是我们不知道星际移民如何在火星上生存。用目前的星际飞行速度测算，人类飞往火星可能需要4年时间，听上去也还可以接受。我们面临的最大的问题在于，在宇宙中飞行的这4年，星际移民们的基因将面临严峻的考验。宇宙中的各种高能射线水平远远高于地球，平时是地球上的大气层帮我们挡住了这些致命的射线。在星际飞行中，就算有各种严密防护，宇宙飞船里的人类肯定还是会遭受巨大的考验。当到达火星的时候，人类的细胞还能够修复宇宙射线导致的基因突变，保证机体的健康吗？目前还没人知道这个问题的答案。

基因的脆弱只与人类有关

说到这儿你可能会很疑惑，基因传递了40亿年，怎么还如此脆弱呢？其实基因的这个弱点只与人类有关，正因为人类拥有文明，战胜了许多病痛，平均寿命远远超过了其他生物，所以生命的意义才超越了仅仅用来传递基因的使命。其他生物的基因并不是不够坚强，而是它们没机会活到患上癌症的那天。

当然了，对于人类来说，基因的这个弱点是非常致命的。在逐渐战胜了各种传染病的威胁，终于可以颐养天年之时，居然基因本身的弱点还能让我们得病？基因的这个弱点其实也是刚刚被科学家发现的。只有了解基因的弱点，我们才能研究出专门的基因"武器"来对症下药。在本书的第四部分，我们会介绍人类如何用最新的基因科技与众病之王癌症展开终局之战。

章后小结

1. 基因的迭代更新有突变和重组两种方式。

2. 基因突变是指 DNA 复制时发生的错误。虽然它有可能导致癌症，但也正是因为突变，才强化了物种的演化优势。

3. 生物体保存基因的策略是尽快将其传递给下一代。因为基因会被外界环境毒害，被放射性物质与化学物质破坏。

4. 即使外界环境十分安全，生物体的基因也会缓慢发生突变，因此生物体的寿命越长，患上癌症的概率就越大。癌症是基因突变导致的疾病。

05
演化律（下）：
基因重组

　　基因突变虽然听上去很可怕，其实这恰恰是生物演化的主要驱动力之一，比如人类语言的产生很可能就是因为一个叫FOXP2 的基因发生了点突变。基因突变能推动基因的演化，产生具有不同功能的蛋白质，最终形成各个物种。不过，如果你仔细算算就会发现，物种之间的基因差异少说有几十万个 DNA 字符，多则几百万、上千万个 DNA 字符，如果只靠十亿分之一的突变概率来形成这么大的差异，好像不太靠谱。

　　确实，如果只靠十亿分之一的突变概率来产生百万或千万级的 DNA 字符差异，加上动物的平均寿命、繁衍周期等因素，别说地球诞生至今的 50 亿年了，就连宇宙存在的 138 亿年估计都不够。这是怎么回事？难道达尔文进化论是错的？难道人类是上帝一挥手创造出来的？

　　基因演化的过程，是在生物体繁殖后代的过程中完成的。上一代的基因传递给下一代，有的发生了偶然的突变，有的发生了更复杂的变化。在阐述这个更复杂的变化之前，我先来讲解一下，上一代的基因究竟是如何传递给下一代的。

基因组与染色体

俗话说"龙生九子，各有不同"，父母生下的几个孩子，只要不是同卵双胞胎，肯定每个都不一样，长相不同，性格也不同。每个孩子身上的 DNA 都有一半来源于父亲，一半来源于母亲。为什么每个孩子的 DNA 都不一样呢？这不仅仅是因为基因在复制时产生的突变，还包括染色体与基因的重组。在了解染色体与基因的重组原理之前，我们先来看一下基因组和染色体是什么（见图 5-1）。

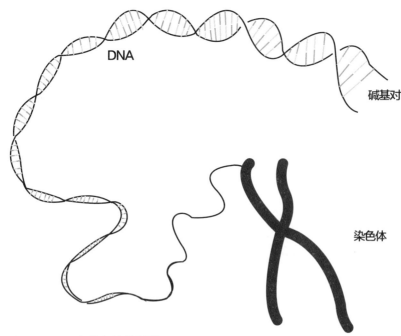

图 5-1 DNA 与染色体的关系

人类的 DNA 具有由 A、T、G、C 四种碱基组成的双螺旋结构，严格说来是由两条各包含 30 亿个碱基的长链螺旋构成（见图 5-2）。之所以能形成稳定的双链，是由于碱基的化学特性——A 与 T 之间、G 与 C 之间能够通过特别牢固的化学作用连接在一起。也正是因为这两条碱基长链相互配对的原理，我们知道了一条碱基链的信息，就等于知道了另外一条碱基链的信息。因此，我们把由 30 亿个 DNA 碱基对组成的整体称为基因组。

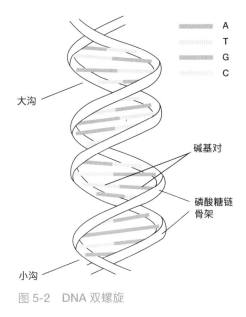

图 5-2　DNA 双螺旋

这 30 亿个碱基对组成的 DNA 长链并非是一整条，而是在漫长的生物演化过程中被慢慢分开，打成了 23 个包，打包的材料是蛋白质。

由 DNA 与蛋白质构成的包裹可以被化学染料染色。1879 年，德国生物学家弗莱明在显微镜下看到了这个结构，并将其命名为"染色体"（见图 5-3）。

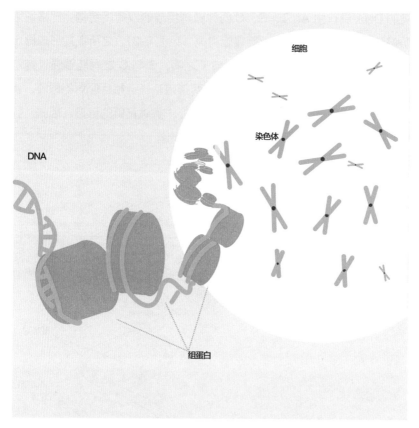

细胞

染色体

DNA

组蛋白

图 5-3　DNA 在细胞中的存在形式是染色体

接下来，科学家按照显微镜下染色体个头的大小，从大到小，依次将其命名为第 1 号染色体、第 2 号染色体、第 3 号染色体……一直到第 22 号染色体，而第 23 号染色体最为特殊，我们需要单独来看（见图 5-4）。

图 5-4 人类的 23 对染色体

人类是双倍体

在显微镜下看到染色体的样子时，你会发现，染色体都是成双成对出现的。这是怎么回事呢？虽然我们说人类的 DNA 总量，也就是基因组，由 30 亿个碱基对构成，但实际上我们的每一个细胞里的 DNA 总量并不是 30 亿，而是 60 亿，所以人类也被叫作"双倍体"。这个双倍体的意思，就是指我们细胞里有两份一模一样的 DNA，其中一半遗传自父亲，一半遗传自母亲。

人类的精子是一个细胞，其中含有来自父亲的 30 亿个碱基对，也就是 23 条染色体，也叫"单倍体"。人类的卵子也是单倍体，带着来自母亲的 30 亿个碱基对，也由 23 条染色体组成。精子和卵子融合，组成了一个由 46 条染色体构成的"双倍体"，从而孕育出一个完整的人（见图 5-5）。

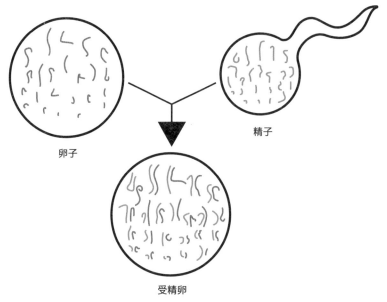

卵子

精子

受精卵

图 5-5　精子与卵子结合时的染色体构成

　　可以想见，父亲的第 1 号染色体跟母亲的第 1 号染色体，在 DNA 的组成上肯定是非常相似的，因为都是人的同一段 DNA。但两者也有一些不同之处，因为父亲与母亲的长相等各种特质并不一样。这两个非常相似但又有点不同的染色体会待在一起，生物学名词叫同源染色体配对。你在显微镜下看到的真实的染色体就是这样，从父亲那儿来的染色体和从母亲那儿来的染色体一一配对。

决定性别的染色体

　　孩子的性别是在精卵结合的时刻被决定的。第 1 号到第 22 号常染色体是男女共有的，而第 23 号染色体是决定性别的关键，如果受精卵中有两个不同的染色体 X 和 Y，那么其性别为男。如果受精卵中有两个 X 染色体，那么其性别为女。你可能已经推理出性别是如何形成的了：父亲精子里的第 23 条染色体有两种可能, X 或者 Y, 而卵子里的第 23 条染色体只有一种可能性, X (见图 5-6)。

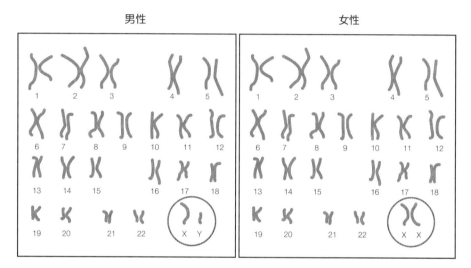

图 5-6　男性与女性染色体的差别

从这个事实里, 我们可以得出两条推论。

第一, 决定孩子是男是女的关键在父亲。在精子与卵子结合的时候, 如果父亲精子里的第 23 条染色体是 Y, 因为有了 Y 染色体上的性别决定基因, 生下来的孩子就是男孩。如果父亲精子里的第 23 条染色体是 X, 则生下来的就是女孩。母亲卵细胞里的第 23 条染色体始终是 X, 并不具有决定权。

第二, 男女之间的差别仅仅在于有无 Y 染色体。而从大小上说, Y 染色体是人类身上最小的染色体, 只包含 20 多个基因。这 20 多个基因里面决定性别的只有一个——SRY 基因。由此可以看出，男女之间的基因差异非常小。从基因上看，男女之间的差别在千分之一以下，因为人的基因总数约为21 000 个。

龙生九子，各有不同

知道了这些基本知识之后，我们就可以说说"龙生九子，各有不同"的基因原理了。既然后代都是精子与卵子结合的产物，那为什么同一对父母生出的孩子长相都不一样呢？这说明每个精子与每个卵子携带的信息都不一样。

在形成精子和卵子的时候，基因是如何分配的呢？从进化的角度看，你也许知道自然选择的原则是物竞天择，每一种生物都会尽可能多地产生后代，然后让它们接受大自然的选择，适者生存。大自然变幻莫测，所以生物体在繁衍后代的过程中，会尽可能让后代拥有丰富多样的基因。拥有不同基因的后代就拥有不同的生存能力，不管环境怎么改变，总会有适应环境的后代生存下来。这里有一个非常重要的矛盾之处，一方面，遗传要尽可能把上一代的特征信息通过基因高保真地传给下一代，另外一方面还要让下一代尽可能地保持基因信息的多样性。

第一个方面可以通过 DNA 复制的高保真特点来实现，基因突变的概率低至十亿分之一。第二个方面主要通过生物体的有性繁殖来实现。有性繁殖主要是指通过雌性与雄性交配，雌雄生殖细胞相互融合产生后代的繁殖途径。

简单的单细胞生物——细菌，是无性繁殖的。无性繁殖主要指细菌并没有雌雄之分，繁殖过程就是细胞一分为二，变成两个细胞。在细胞分裂的过程中，所有的 DNA 都要复制一遍。既然是 DNA 复制，那不管是高等生物，还是简单的细菌，复制出错的概率都是一样的，非常之低。因此，细菌的后代跟上一代可以说是一模一样的。你可能会想到，那细菌不需要保持下一代的基因多样性吗？很遗憾，无性繁殖本身是不会让下一代的基因多种多样的。

细菌的绝招是"天下武功，唯快不破"。它们只需要几十分钟就能完成分裂，只要有足够的营养，后代数量就能以指数级增长。如果你没有把剩下的饭菜放进冰箱，短短一天时间，上面就会因为长满细菌而腐败变质。细菌的生存策略是以量取胜，即使环境发生剧变，大部分细菌都无法生存，但只要有几个细菌幸存，它们就能很快找到食物，拼命复制繁殖，东山再起。

那有性繁殖是如何让后代的基因更为丰富的呢？有两种途径，第一种是染色体的随机洗牌，第二种是染色体交叉互换。

就染色体的随机洗牌而言，我拿负责酒精代谢的乙醛脱氢酶基因作为例子进行说明。前文中我们提到过，如果一个人的乙醛脱氢酶基因的一个关键碱基是 G，则他代谢酒精的速度快，不容易喝醉。如果一个人的对应碱基是 A，则他代谢酒精的速度慢，容易醉。但是不要忘记，我们说过，人是双倍体。每个人都有两份乙醛脱氢酶基因，一份遗传自父亲，一份遗传自母亲。虽然乙醛脱氢酶基因的关键碱基只有两个版本，G 或者 A，但如果按照喝酒的能力分，应该有三种人。第一种是 GG，他们的两份乙醛脱氢酶关键碱基都是 G，所以他们超级能喝、千杯不倒。第二种是 GA，他们的两份乙醛脱氢酶关键碱基一份是 A，一份是 G，他们属于勉强可以喝两口的。第三种是 AA，他们的乙醛脱氢酶关键碱基都是 A，这种人基本上一杯就倒。

知道了所有的组合以后，我们来想象一下，如果父亲喝酒一杯就倒，他的两份乙醛脱氢酶关键碱基都是 A，简写为 AA；而母亲属于千杯不醉的那种，两份乙醛脱氢酶的关键碱基都是 G，简写为 GG。那么他们俩生下来的孩子酒量如何呢？这就涉及父母在有性繁殖的过程中如何给下一代分配基因的问题了。

人类的细胞是双倍体，有 46 条染色体，在形成精子或卵子的时候，细胞会分裂，最后形成只有 23 条染色体的生殖细胞，被称为"单倍体"，这个过程又叫减数分裂。拿乙醛脱氢酶基因来说，父亲的两份 A 版本会分别分到一个精子里去，每一个精子里都是 A 版本，而且只有一份，所以叫单倍体。母亲的卵子也是，只含有一个 G 版本的基因。你可以猜到，如果父亲或母亲是 AG 的情况，形成的精子或者卵子里就会有两种不同的版本，有的是 A，有的是 G。

假如精子里是 A 版本的基因，而卵子里是 G 版本的基因，那么精子与卵子结合，就会变成一个版本是 A，而另外一个版本是 G 的双倍体，喝酒能力中等。你有兴趣的话，可以自己推演一下，如果父亲是 AG，而母亲也是 AG，那么他们的孩子是能喝酒还是不能喝酒，有多少种可能性呢（见图 5-7）？其实决定人类血型的基因也是类似的原理。决定血型的主要基因有三个版本，A 型、B 型或 O 型。具体的排列组合这里就不细说了。

乙醛脱氢酶基因位于 12 号染色体上，而决定血型的基因位于 9 号染色体上。那么，父母关于酒量的基因和血型的基因是如何遗传给后代的？通过上面的例子我们知道，父母会先把自己的基因均分，产生精子或卵子，然后通过精子与卵子的融合把基因传给下一代。正因为人类有 23 对染色体，这 23 对染色体会被一分为二，把同源配对的两条染色体分开，随机分配给精子或卵子。这样的话，位于不同染色体上的基因就有了一次随机洗牌的自由组合机会。

让我们先思考一个简单的情况：父亲是 A 型血，酒量中等；母亲是 B 型血，酒量较好。理论上，这对夫妇可以生下 8 个基因组合不同的孩子，这就是基因随着染色体排列组合而进行随机洗牌的原理（见图 5-8）。

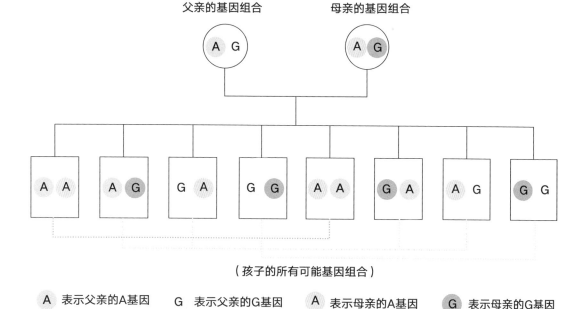

图5-7 父母与后代的基因遗传关系示意图

图中虚线相连部分表示同一种情况，所以后代的基因型有三种组合：AA、GG、AG（GA）。

染色体交叉互换

第二种途径是染色体交叉互换。在减数分裂的过程中，来自父亲和来自母亲的染色体之间会发生交叉互换。那么，这两段染色体为什么会发生互换呢？这个互换在生物学上叫"同源重组"。在精子和卵子形成的过程中，这些序列非常相似的染色体片段会发生交叉互换，主要指来自父亲染色体上的一部分，和来自母亲染色体上对应的部分发生了互换。

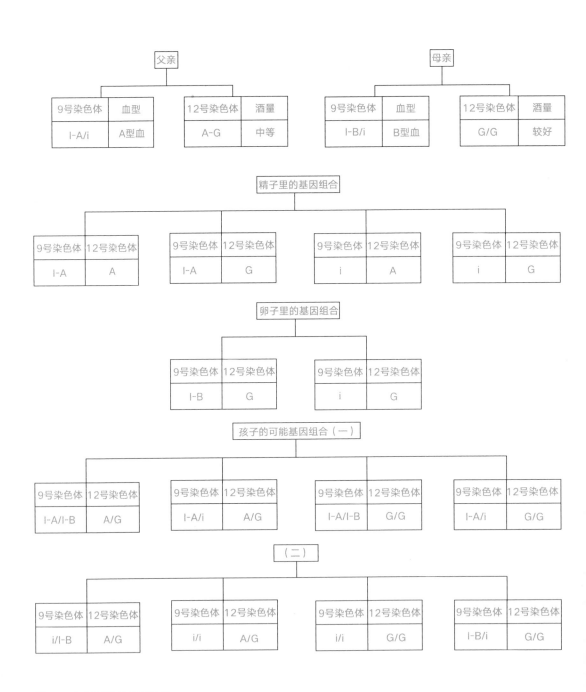

图5-8 染色体随机洗牌示意图

我们仍然以乙醛脱氢酶基因和血型基因为例，假设一名男性的乙醛脱氢酶基因是 AG，血型是 AB，照理说这些基因将均等地分配给后代，这样精子里就有四种基因的排列组合：AA、AB、GA 和 GB。但如果染色体上乙醛脱氢酶基因的部分发生交叉互换，在男性产生精子的过程中，一部分细胞发生了 AG 互换，就会导致一部分精子里面本来应该出现 A 的，结果变成了 G，这样遗传给下一代的精子的组合就无法预测了。

因为其他细胞里面发生了什么情况我们无法猜到，所以，尽管我们可以对父母的基因组进行测序，但是对于他们生出的孩子究竟会携带何种基因组合还无法预测。就算考虑到染色体洗牌的所有排列组合，也无法预测什么时候什么基因会发生随机的交叉互换（见图 5-9）。

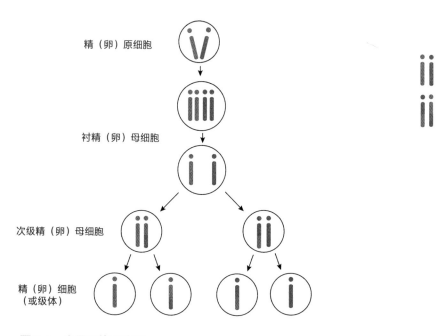

精（卵）原细胞

衬精（卵）母细胞

次级精（卵）母细胞

精（卵）细胞
（或级体）

图 5-9　交叉互换示意图

基因串珠

染色体的排列组合和交叉互换是生物学经典遗传学的内容，科学家在 100 年前就基本搞明白了。在人类研究基因的过程中，特别是完成了 "人类基因组计划" 以后，科学家发现基因迭代更新的方法远不只是染色体的排列组合和交叉互换。

1977 年，科学家发现了一个奇怪的现象——信使 RNA 上的碱基序列常常比 DNA 上的少一些。照理说，信使 RNA 上面的碱基序列和 DNA 的碱基序列应该是一一对应的，这是怎么回事呢？我们之前讲过，基因产生蛋白质时，DNA 上的信息会先变成信使 RNA，然后信使 RNA 会跑出细胞核，到细胞质里合成蛋白质。

实际上，基因在 DNA 上不是作为一个整体存在的，而是作为片段存在的。这就好比 DNA 是由一串用黑色珍珠与白色珍珠串成的项链，其中只有白色珍珠是用来编码蛋白质的，黑色珍珠里不含有蛋白质信息。当基因的信息在变成信使 RNA 时，黑珍珠和白珍珠的信息都会被复制到信使 RNA 上。但是，当信使 RNA 生产蛋白质时，因为黑珍珠里面并没有蛋白质的信息，所以 RNA 就得把这串项链里的黑珍珠剪掉，把剩下的白珍珠串起来，去合成蛋白质。这就像我们在电影院里看到的电影其实只是从大量的拍摄素材里剪出来的一小部分，从基因到蛋白质的过程中也经历了大量的剪接。

这个断裂的结构是基因中的重要概念之一，你可以看看下面的示意图（见图 5-10），图中详细说明了基因是经历怎样的剪接最后变成蛋白质的。

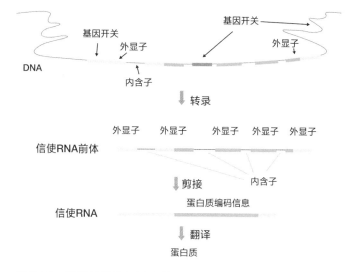

图 5-10　基因片段分布示意图

　　1977 年，虽然科学家报道了这种基因片段式分布的特点，但是没人知道为什么会这样。这样形成信使 RNA 的时候会产生很多没用的部分，还得费大力气去剪辑拼接，才能生产蛋白质，这不是很浪费吗？1978 年，一位科学大咖提出了一个大胆的猜想，并给编码蛋白质的白珍珠起名"外显子"，给不编码蛋白质的黑珍珠起名"内含子"。他认为，虽然这种方式看上去很浪费，但是说不定在漫长的进化中外显子能自由组合，演化出新的基因，这样基因不就能自己迭代更新了吗？

　　不得不说，这位科学家确实超级聪明，猜到了 30 年后才被证实的事儿。这位科学家叫沃尔特·吉尔伯特（Walter Gilbert），是哈佛大学的教授。他因为参与发明了 DNA 测序技术，与其他几位科学家一起于 1980 年获得了诺贝尔化学奖。我在后文中还会提到他在生物技术浪潮中并不是很成功的创业故事。

基因重组——外显子洗牌

30 年后发生了什么呢？科学家们完成了"人类基因组计划"。所谓"人类基因组计划"，就是把人类的 30 亿个 DNA 的碱基序列统统搞明白了。

科学家把成千上万的基因放到一起分析时，很快发现了吉尔伯特猜想的合理性。他们发现这些基因有几个很好玩的特点。基因的外显子，也就是白珍珠，通常不是一个基因独有的，而是在许多基因里都找得到。有很多基因长得很像，差别只是一个多了几颗白珍珠，一个少了几颗白珍珠，就像人类的兄弟姐妹一样。这说明，外显子在不同的基因里很可能是可以跑来跑去的。对于一个基因来说，它有可能获得其他基因的外显子，也有可能把自己的外显子送给其他基因。整个过程就像玩扑克一样，外显子是扑克牌，时不时需要洗一把牌，重新分发（见图 5-11）。

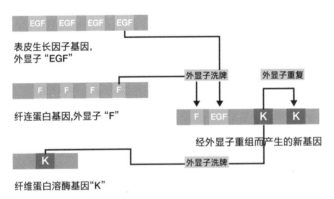

图 5-11　外显子洗牌示意图

这种外显子的洗牌就是基因的第二个迭代更新途径，生物学上叫作基因重组。那些经过重组获得或失去一部分外显子的基因，叫作新基因。基因重组发生最频繁的地方在生殖细胞，也就是精子和卵子里。通过精子和卵子的结合产生新生命，基因的重组就能传递给下一代。

这里我需要强调一下，基因重组与前面提到的染色体排列组合和交叉互换存在根本的区别。在染色体排列组合和交叉互换过程中，基因是作为整体被互换的，染色体的排列组合和交叉互换并不会改变基因本身。而最新发现的这种以外显子为单元的基因重组，能真正实现让基因迭代更新，产生新基因。

发现了基因重组可以产生新基因，科学家们就能解释为什么短短 40 亿年，地球生命演化出了几百万个物种，甚至演化出人类这样具有智慧的生命。跟基因突变相比，基因重组加速生命演化的进程有两大特点。

第一，对蛋白质功能的改变规模更大。基因突变的规模仅限于一个或几个碱基。当然，有的基因位点很重要，但是随机的基因突变很少会撞到那么重要的点。绝大部分的基因突变都不会一下子导致其编码蛋白质的功能发生很大的改变。而外显子重组就不一样了。外显子对应的是蛋白质的独立功能单元，所以通过洗牌产生的新基因能快速获得与原有的基因不一样的新功能。

第二，基因重组的环境更自由。不管是突变还是重组，都很需要运气，需要大量的试错。基因突变就像是工人干活的时候不小心打了个盹，犯了一个小错误。机体不会允许 DNA 复制出现太多突变，所以会有各种品控团队严防死守，仔细纠错。但是基因重组不一样，可以说，到目前为止我们还没有发现任何监管团队，基因几乎可以随便重组。你可能会问，没有规矩不成方圆，万一基因重组太过分了怎么办？别担心，基因重组时时刻刻都要面临大自然的考验。经过漫长的演化过程，只有对生物体生存繁衍更有利的基因重组才会被保留下来。

1. 染色体的排列组合和交叉互换能让子代获得更丰富的基因组合，增强适应大自然的能力，但是并没有产生新基因。

2. 基因重组通过外显子洗牌完成，整个过程能够产生新基因。这种方式可以使基因快速获得新功能，加快基因演化的进程。

第二部分

基因与人：
基因如何塑造了人类生活

06
人类:
基因演化的意外与巅峰

　　在第一部分里，我们的关注点是基因，看到了基因对生物体的决定作用，知道了基因是所有生物物理结构和行为认知能力的底层逻辑。不过我想，你可能跟我一样，更关心的是人类自己。人也是生物，那么在人身上基因这个底层逻辑是怎么运作的呢？

　　有句古话叫"人之初，性本善。性相近，习相远"。我们先不谈这句话的原意，我觉得第二句话里其实包含着非常丰富的生物学含义。人的本性是善良还是邪恶，见仁见智。"性相近"可以理解为人类都有一些非常相似的本能特质，比如趋利避害、怜悯弱小、疼爱亲生骨肉等。而所谓"习相远"意指每个人都有不一样的性格，有的外向，有的内向，有的向往自由，有的喜欢稳定安宁，每个人的性格都相差很远。不知你是否注意到，只有在一种非常特殊的情况下，人与人之间的性格差异会很小，那就是在同卵双胞胎之间。研究表明，同卵双胞胎之间的性格差异比兄弟姐妹之间小很多。这是为什么呢？因为同卵双胞胎之间的基因差异很小，几乎可以忽略不计。所谓同卵双胞胎就是一个受精卵分裂成两个细胞后，各自独立发育成的个体，所以他们的基因几乎是一模一样的。基因一样，性格就非常相似，这说明了什么呢？这说明基因与我们的性格有非常密切的关系。

在进行进一步探讨之前，我先来回答一个问题：人类是怎么从动物界脱颖而出的？人类的祖先是灵长类，俗话说就是猿猴。难道是有些不安分的猴子突然有一天从树下跑下来，开始搭伙做饭过日子，然后就变成了人类？可能没那么简单。图 6-1 中展示了从猿到人的演化历程，主要分为五个阶段：南方古猿、能人、直立人、早期智人和现代智人。你从形态上就可以看到他们之间的差别，从最古老的南方古猿到现代智人，人类演化之路走了至少 600 万年。

图 6-1　从猿到人的进化历程

你认为人类跟其他动物的根本差别是什么？我觉得人类超过其他动物的地方有两点：第一，语言；第二，很强的学习能力。动物也能学习和记忆，但是无法跟人类相比。对科学家来说，人类诞生的科学问题就变成了是什么基因决定了人类具有语言能力和很强的学习能力呢？

语言障碍家族的意外发现

2001 年，科学家发现英国有一大家子，祖孙三代都有语言障碍，无法正常发声和讲话。表面看上去，这个语言障碍像是有遗传性的，会从上一代传到下一代。科学家推测，这种语言障碍有可能是基因突变导致的。为了寻找这个导致语言障碍的基因，科学家分析了这一大家人的基因。但是在那个"人类基因组计划"还没有完成的年代，在茫茫基因组里寻找哪个基因发生了突变实在是太难了。

在研究者迷茫之际，他们又找到了另一个患有语言障碍的病人。这个病人携带的基因突变非常严重，有一大段 DNA 因为发生随机重组被破坏了，科学家在这一大段被破坏的 DNA 里找到了基因 FOXP2。这给了科学家巨大的启示，他们随即在这个包括祖孙三代的大家庭中分析了他们的 FOXP2 基因，最终发现，在有语言障碍的家庭成员身上，他们的 FOXP2 基因都发生了突变。而这个基因突变导致 FOXP2 基因无法产生有功能的蛋白质，因此科学家们判断，FOXP2 基因的突变很可能是导致这个家族成员产生语言障碍的原因。[10]

语言本身是个非常复杂的行为，不仅要有足够灵活的舌头和发声器官，还得大脑配合才行。FOXP2 基因是掌管了语言思考还是语音发声？科学家对这些细节都还不清楚。

2002 年，一位高人出场了，他是我的科学偶像、德国科学家斯万特·帕博（Svante Pääbo，见图 6-2）教授。你可能听说过智人的近亲尼安德特人。率先发现尼安德特人的基因，并对尼安德特人的基因组进行完整测序的正是帕博教授。

图 6-2　斯万特·帕博教授

图片来源：帕博教授赠予。

尼安德特人的传说

　　尼安德特人是早期智人的一种，与现代智人存在明显差别。关于人类演化的历程，科学界从化石证据和从古人类化石身上提取的 DNA 证据中已经发现了诸多端倪。大体的步骤是这样，所有的人类都起源于非洲，他们分几波逐渐走出了非洲，时间大概在距今 15 万年前。

　　尼安德特人是比较早离开非洲的早期智人。他们离开非洲后，足迹几乎遍布整个欧洲大陆，以及亚洲的西部。因为相关化石最早在德国的尼安德特山谷被发现，因此被命名为尼安德特人。现代智人则是较晚离开非洲的，时间大概是距今 10 万～ 5 万年前。当现代智人来到欧亚大陆时，他们就遇到了在这里居住了几万年的尼安德特人。在距今 5 万～ 4 万年前，现代智人的祖先和尼安德特人相遇，共同生活在欧亚大陆上（见图 6-3）。

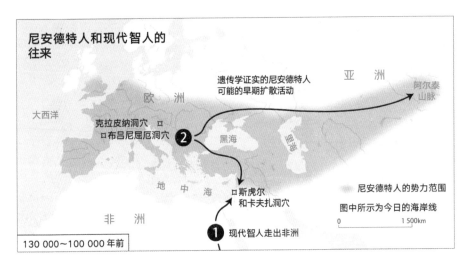

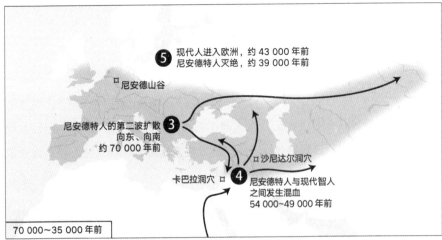

图 6-3　人类扩散轨迹示意图

　　因为年代久远，关于他们究竟是敌人还是朋友，我们既找不到文字资料，从化石证据上也无从得知。曾经有人依据化石证据猜想尼安德特人和现代智人之间发生了战争，甚至有人推测是不是现代智人灭了尼安德特人，这些在科学上完全是推测，没有靠谱的证据支持。在古人类生活的数万年前，部落之间爆发战争是常有的事，从那些简单的化石证据中我们根本无法确定究竟是谁灭了谁。关于这些几万年前的地球往事，唯一能告诉我们真相的是 DNA。为了从 DNA 中寻找古人类演化的秘密，帕博教授带着研究团队在全世界范围内搜集尼安德特人的化石。终于，他们在冰天雪地的西伯利亚地区找到了几万年前的尼安德特人骨头化石，保存相当完好。因为气候寒冷，生物组织没有完全腐烂，这几块骨头化石里仍旧保存着尼安德特人的 DNA。帕博教授的研究团队运用最先进的 DNA 测序方法，完成了尼安德特人的全基因组测序。知道了尼安德特人的基因组序列以后，他们惊奇地发现，现代智人的基因组里居然有 2%～3% 的 DNA 序列是和尼安德特人的基因组类似的！这说明现代智人和尼安德特人在几万年前肯定发生过联姻通婚，相互交换了 DNA。

关于现代智人基因组里的这些尼安德特人的 DNA 究竟对现代智人有什么影响，我们还不知道。不过可以推测，在 4 万年前的那段日子里，现代智人和尼安德特人在生物学上几乎没有差别。在生物学上，如果两个物种的基因差别过大，比如说一个有 23 对染色体的生物和另外一个有 22 对染色体的生物，它们之间是不可能繁殖出后代的，即使能繁殖，它们的后代也不可能产生下一代，因为无法顺利产生正常的生殖细胞。比如说，马的染色体有 32 对，而驴的染色体有 31 对，马和驴交配产生的骡子的染色体有 63 个，染色体成了单数，就没法进行同源染色体配对。从第一部分的知识里我们可以知道，这样的生物可以存活，但是无法产生生殖细胞，因此无法繁殖后代。

从基因里的发现我们知道，尼安德特人和现代智人在生物学上属于同一物种，都有 23 对染色体，所以通婚、繁衍后代完全没有问题，以至于世界各地所有现代智人的基因组里面都或多或少含有尼安德特人的基因。令科学界非常困扰的问题是，尼安德特人为什么灭绝了呢？现代智人在什么地方比尼安德特人更高级呢？历史学家经常提出一些揣测，比如现代智人是不是更擅长团结协作、更富有想象力等，不一而足。不过我可以负责任地告诉你，这些都是揣测。我们目前能找到的尼安德特人的遗物只有 DNA，而 DNA 上面的信息无法告诉我们现代智人是否比尼安德特人更擅长团结协作或更有想象力等。

语言基因 FOXP2

现在我们回到帕博教授对 FOXP2 基因的研究上。他没有去深究 FOXP2 基因对语言的产生有什么影响，而是提出了一个重要的假说。他猜想，如果 FOXP2 基因真与语言有关，那么人的 FOXP2 基因肯定与其他所有物种的 FOXP2 基因都不一样，因为其他物种都不会说话。

帕博教授把许多物种的 FOXP2 基因拎出来逐一分析，结果发现，人类的 FOXP2 基因与其他所有物种的 FOXP2 基因有两个碱基的差别。换句话说，人类的 FOXP2 基因确实很独特，有两个独特的碱基。这两个碱基是在漫长的演化过程中出现的，用演化生物学的话说就是经历了正向选择（positive selection）。

正向选择跟负向选择（negative selection）是相对的，负向选择的意义相对更容易理解一些。简单来说，负向选择非常重要，是身家性命所在，不能轻易改变。比如掌管新陈代谢、氧气携带等生物体基本功能的基因，你会发现这些基因都经历了庞大的负向选择压力，基因序列不会轻易改变。因为它们太重要了，万一哪个重要位点发生突变，就有可能危及生命。

正向选择通常与高等动物获得的新技能有关。人类语言能力基因的两个碱基在漫长的几十万年中经历了正向选择，而非负向选择，就像"变得通，通则久"的古话。拥有这个被正向选择的特点，再加上之前 FOXP2 基因突变会导致语言障碍的科学发现，帕博教授认为，由于人类的 FOXP2 基因经历了正向选择，很可能这个基因编码了人类特有的语言能力。[11] 但这还不能说是现代智人和其他动物之间的基因差别。虽然 FOXP2 基因的意外突变是人类独有的，但并不是现代智人独有的。

2007 年，科学家发现，尼安德特人的 FOXP2 基因也有这两个经历了正向选择的重要突变，所以他们很可能也会说话。如果是这样，那么为什么尼安德特人在欧洲慢慢灭绝，最后是现代智人遍布五湖四海了呢？ [12]

绽放人性光辉的新基因

除了语言基因，我们还得寻找现代智人与其他任何动物，甚至是和尼安德特人都不一样的地方，这才是现代智人的终极秘密所在。

我们知道了基因迭代更新的重要过程是重组，即外显子的洗牌。科学家猜想，会不会是在这种随机的重组过程中产生了只有现代智人才有的新基因，然后伟大的现代智人就诞生了呢？而且，如果真有让现代智人成为现代智人的新基因，这些新基因很有可能是在大脑里，因为人类与其他动物最大的区别就是大脑。顺着这个思路，科学家检测了人类大脑里的基因表达，真的找到一堆通过基因重组产生的新基因（见图 6-4）。但这些新基因很奇怪，它们并没有获得新的外显子，反而把自己的外显子或多或少给扔了。也就是说，这些人类基因其实并不新，只是比原来的基因少了几个外显子而已。这是怎么回事呢？

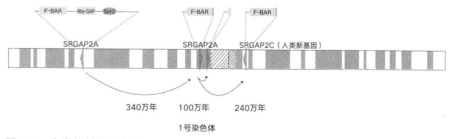

图 6-4　人类新基因示意图

2012 年，科学家决定看看这些人类新基因对神经细胞的生长究竟有什么影响。他们把这些人类新基因放入神经细胞中，结果令人大吃一惊。这些缺胳膊少腿的人类新基因居然减慢了神经细胞的生长。本来神经细胞应该长得枝繁叶茂，但在人类新基因起作用以后，神经细胞的生长过程被延缓了，这个现象让科学家挠破了头也想不明白为什么。[13]

人类大脑发育变慢

接下来我向你们介绍另一位揭开了谜底的关键人物——帕博教授的学生菲利普·卡托维奇教授（Philipp Khaitovich，见图 6-5）。和他的老师一样，卡托维奇教授也痴迷于智人演化的秘密。他在中科院马普计算生物学研究所里担任研究员，带领的课题组专注于研究人类演化的基因原理。很巧，他所在的研究所就在我所在的中科院神经科学研究所隔壁。

图 6-5　菲利普·卡托维奇教授

图片来源：卡托维奇教授赠予。

卡托维奇教授是个强硬理性派。2012 年，他带领团队分析了人、黑猩猩、猕猴和小鼠大脑中的信使 RNA 的海量数据，想分析一下人类大脑里的基因表达究竟和其他动物有什么不一样，结果发现了一群独特的信使 RNA。这群信使 RNA 在其他动物大脑中也有，但是在人类大脑里出现的时间与其他动物不同（见图 6-6）。其他动物刚出生的时候大脑里就有这种信使 RNA，但在人类身上却要到 3 ～ 4 岁以后才开始出现。

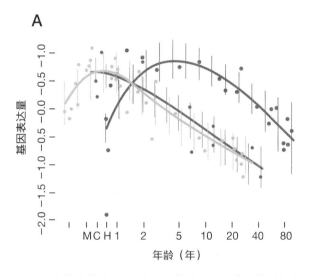

图 6-6　独特的信使 RNA 在不同物种大脑中出现的时间点

红色曲线代表人类信使 mRNA，绿色曲线代表黑猩猩信使 mRNA，蓝色曲线代表猕猴信使 mRNA。

信使 RNA 的出现意味着基因已经被打开，开始表达蛋白质。为什么这一群基因在人类大脑里表达的时间要比在其他动物的大脑里晚呢？卡托维奇教授百思不得其解，苦于自己不是脑科学方面的专家，最后找到了当时在隔壁楼工作的我。[14]

我一看到产生了这些信使 RNA 的基因名字就恍然大悟，对卡托维奇教授说："恭喜你！你挖到金矿了！"原来，这批信使 RNA 生产出来的蛋白质有一个共同作用，就是帮助大脑里的神经细胞发育成熟。信使 RNA 出现较晚，说明这些基因的开关被特意调慢了，导致蛋白质的产生也是偏晚的。因为这些蛋白质对大脑发育特别重要，所以看到这个现象的时候，我激动地对卡托维奇教授说："你的发现意味着人类大脑发育可能比其他动物要慢！"说完这句话，我好像也没明白自己在说什么。

现在，我们来一起梳理一下思路。之前我们说，人类新基因的发现说明，通过重组产生的新基因可以延缓神经细胞的成熟，也就是减慢大脑的发育。而卡托维奇教授的发现说明，帮助大脑发育的基因开关居然也被拨慢了。打个比方，大脑的发育就像是在开车，人类新基因的作用好比是踩刹车，而拨慢帮助大脑发育的基因开关好比是轻踩油门。双管齐下，人类大脑发育的这辆车就慢慢减速了。那为什么人类大脑的发育比其他的动物慢呢？这难道就是人之为人的秘密所在？

更可塑的大脑

这听起来确实有点反常识，不过在生命的早期延缓大脑的发育速度，确实有一个很大好处，那就是拥有一个可塑性更强的大脑。对人脑来说，我们并不重视容量，而更关心可塑性。容量关系到能装多少知识，可塑性关系到学习新知识的能力。每个人大脑的容量都差不太多，除了少数记忆方面的天才。对于大部分人来说，通过后天练习增大大脑容量的可能性非常小。而大脑的可塑性，通过后天的努力学习，却是可以实实在在地提高的。

这个可塑性究竟是什么意思呢？在学习的过程中，外界信息的输入会将大脑中许许多多未确定的神经连接固定下来，将知识与技能储存下来，以备后用。一旦神经连接被固定，就不容易再发生改变了。我们常说，小孩子的大脑比大人的大脑更具可塑性，这是有一定的科学道理的。比如，成年人再想学会一门全新的外语，花的力气要比小时候大得多。小朋友的大脑因为还不成熟，其中的神经连接还没有固定下来，所以具有更强的可塑性，能够接收大量知识，这样一来人类的优势就体现出来了。

相比之下，大自然中的所有其他动物都不能奢望这些。几乎所有的动物在出生的那一刻起，就面临着天敌的威胁。大草原上的许多动物刚生下来几个小时就得学会跟着妈妈奔跑，否则就会被虎视眈眈的掠食者吃掉。对它们来说，赶快看清楚这个世界，尽全力活下来才是最重要的。

人类很幸运，出生后并不需要四处躲避天敌，抢夺食物。一个更具可塑性的大脑可以让人类孩童在出生后 3 ~ 4 年的时间里，安心跟着父母学习开口讲话，学习待人接物，掌握生活技能，甚至在现代社会里接受学校教育，成为真正的智慧人类。总结来看，这个最新的假说认为，是人类的新基因和基因开关拨慢导致了大脑发育变慢，这样可以保持大脑的可塑性，进而带来智慧。

说到这儿，我们再来看看尼安德特人。他们的大脑发育有没有变慢呢？要回答这个问题，就需要提到我和卡托维奇教授的另一个发现。我在一堆推迟表达的人类大脑基因里，发现了一个重要的管理者基因 MEF2A。我们之前已经知道这个管理者基因的功能是抑制神经细胞的生长和成熟。原来我们一直好奇，为什么要有一个基因专门负责抑制神经细胞的发育呢？原来抑制神经细胞的发育，推迟大脑的成熟也很重要啊。我们推测 MEF2A 这个管理者基因可能就是人类大脑发育过程中的关键基因之一。

接着，卡托维奇教授分析了很多其他物种的 MEF2A 基因开关后发现，MEF2A 基因的开关也出现了正向选择的痕迹，而具体时间点居然是在现代智人与尼安德特人分离之后。[15] 换句话说，MEF2A 基因的延迟打开是现代智人所特有的，这说明幼年尼安德特人大脑的可塑性很可能比不上幼年的现代智人，尼安德特人小时候看来不需要学习更多的知识和技能。难道现代智人打败尼安德特人靠的就是 MEF2A 基因的延迟打开？目前这一猜想还只是假说，关于现代智人究竟是凭基因还是凭运气战胜了尼安德特人，我们还需要更多的科学证据来做出判断。

留下一个小问题，你可否思考推测一下，为什么远古时代的现代智人大脑在演化中会出现这种有趣的推迟发育的特点，但尼安德特人的大脑却没有呢？

章后小结

1. FOXP2 基因的意外突变让人类演化出了语言能力。FOXP2 基因突变是人类独有，但并不是现代智人独有的。尼安德特人也有这个基因突变。

2. 人类新基因和基因开关的拨慢会延缓人脑发育，让智人拥有更具可塑性的大脑，从而产生智慧。目前我们发现这一现象是现代智人独有的。

07
暴力倾向是由基因决定的吗

2009 年 9 月，意大利法庭做了一个有重要意义的宣判。审判对象是一个杀人犯，他被判处 9 年监禁。但是帮他辩护的研究人员指出，真正的罪犯不应该是他，而是他携带的 MAOA 基因突变。法官认为很有道理，便给这个罪犯减了一年刑。这个判决结果引起了各界人士的激烈讨论。人犯罪能怪到基因头上吗？暴力这事儿应该怪基因吗？这其实涉及人与基因的又一个大问题，人类的性格、行为认知能力，甚至人与人之间的关系在多大程度上是由基因决定的？

人的性格其实是一个很复杂的概念，类似的概念还有人格、气质等。这些名词通常是心理学研究的范畴，那生物学家怎么来研究性格跟基因的关系呢？我们需要把性格拆分成生物学家可以研究的成分，比如内向或外向，冲动或内敛，然后把具体的反应还原到我们定义的行为反应链中。举个例子，面对陌生人的挑衅行为时，个体的反应是静观其变还是冲动地对挑衅予以回击？这些反应如何在人类的大脑处理器中完成抉择？这个过程是否跟基因有关，是先天决定的还是后天培养的？这就是生物学家研究性格和基因的关系的基本逻辑。

接下来，我们将用所谓的暴力基因作为研究范例，来看看基因对人的冲动性格到底有哪些影响。

暴力基因 MAOA

暴力基因的发现要从 1993 年说起。那年，荷兰有一大家子的妯娌之间经常相互诉苦，说她们的丈夫劣迹斑斑，有严重的家庭暴力倾向，甚至还发生过纵火等恶性犯罪行为。其中一位主妇觉得她们不能再这样忍受下去，于是号召大家一起去找医生或专家问问她们的丈夫是不是得了什么怪病。荷兰一位专门研究人类基因的布鲁纳教授听完她们的诉苦之后，马上猜到这可能是基因的问题。亲属之间的基因相似程度很高，因为都是由上一代传给下一代，所以如果一大家子上下几代都有非常相似的行为缺陷或生理疾病，科学家就有理由怀疑这些缺陷跟基因有关。

通过研究，布鲁纳教授发现这些有暴力倾向的男性家族成员的 MAOA 基因发生了突变，其中一个碱基从 C 变成了 T。差之毫厘，谬以千里，这个基因突变导致 MAOA 基因编码的单胺氧化酶生产到一半就被运送出了蛋白质工厂，成了次品。[16] 这意味着什么呢？单胺氧化酶的作用是降解大脑中传递神经信号的化学物质，比如多巴胺。多巴胺是大脑里的神经细胞用来传递信息的一种化学物质，决定了我们的"冲劲"。

比如一个人在攀登珠穆朗玛峰，当到达登顶前的最后一个海拔 8 300 米的营地后，谁都知道，再拼最后 500 米就能吹一辈子牛皮了。这个时候攀登者的大脑里就会分泌特别多的多巴胺，让大脑非常兴奋，集合身体里所有的力量，向 8 848 米顶峰发起冲刺。有趣的是，一旦登顶珠峰，登山者大脑中的多巴胺就会慢慢减少。然后他们就会觉得人生的重要目标都实现了，登顶成功也没那么刺激了。这个多巴胺逐渐减少的过程，其实是大脑的自我保护机制。在需要冲顶的时候，大脑需要集合所有的力量，激发身体潜能，但是人体不是机器，不能长时间超负荷运转，所以登顶以后一定要慢慢恢复到正常状态，大脑不能太兴奋，这个过程就需要 MAOA 这个单胺氧化酶来把多巴胺降解掉（见图 7-1）。

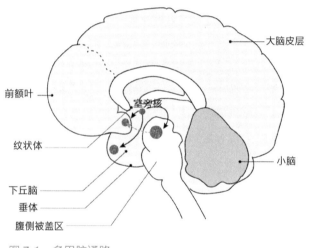

图 7-1　多巴胺通路

如果 MAOA 基因发生突变，产出的单胺氧化酶是次品的话，多巴胺就会积累得越来越多，不停地刺激神经细胞，让大脑过度兴奋。因此，携带这个基因突变的人确实容易冲动，遇事不容易冷静下来。

从原理上看，MAOA 基因突变与暴力有关好像真说得通。这个研究当年让无数人都震惊了，MAOA 基因成了大名鼎鼎的"暴力基因"。那么，我们争强好胜的性格真的是由基因决定的吗？有暴力基因突变的人会不会是潜在的罪犯呢？为了防患于未然，我们是否需要把那些有暴力基因突变的人抓起来，或者至少先把他们监控起来呢？你会发现，这个研究很快把我们推到了科学与社会伦理的边界。从法律角度出发，我们当然不可能对那些还没有犯罪的人进行监控。但是如果科学上确实能预判他们有很大可能性会发生暴力犯罪，难道真要等他们杀人放火了以后再亡羊补牢吗？

这里我必须强调一下，在生物学家看来，暴力对动物而言是一种非常自然的行为模式，是生存的必需技能。一个不会跟同伴或者天敌搏斗的动物在自然界基本上寸步难行，分分钟就被灭了。不过，在现代社会中，人与人之间的暴力行为是违法犯罪，必须受到法律的严格约束。现在的一个关键问题是，我们必须知道 MAOA 基因突变会不会导致暴力犯罪。光从刚刚那个研究来看，我们当然不能得出结论。原因很简单，这只是一个家族的研究，孤证难立。为了确认 MAOA 基因突变和暴力之间的关系，我们需要接着问两个问题：第一，其他人如果有 MAOA 基因突变，也会有这个家族里的男性那样的恶劣暴力行为吗？第二，只要有暴力犯罪，就会有这个 MAOA 基因突变吗？

暴力基因是被冤枉的

2002 年，有一篇研究 MAOA 基因突变与暴力行为的著名论文发表了。开头我们提到的那个法庭判决里，研究人员引用的就是这篇论文。这篇论文一发表，新闻报道上就出现了各种耸人听闻的标题，比如"基因导致暴力"。真的是这样吗？为了避免被所谓的"砖家"忽悠，咱们来看看这篇著名论文究竟说了什么。

这篇论文其实是一个非常严谨的科学研究。从 1970 年开始，为了研究幼年遭受家庭暴力的孩子成年后是否更容易出现暴力倾向，英国、美国和新西兰的科学家寻找了 1 037 个在正常家庭中成长的孩子和遭受过家暴的孩子，跟踪了他们从 3 岁到 26 岁的成长历程，观察他们成年后是否容易出现行为障碍、反社会行为以及严重的暴力犯罪。[17]

1993 年，"MAOA 暴力基因"的研究发表后，这群科学家便意识到，他们可以在之前的研究基础上测一下这群孩子有没有 MAOA 基因突变。然后看一下，如果有孩子有 MAOA 基因突变，长大是否更容易出现暴力行为？

这篇论文里的结论是这样的，"在具有 MAOA 基因突变的孩子中，家暴这个因素对孩子长大以后是否出现行为障碍的影响非常显著"。这句话挺绕，我来解释一下科学家到底想说什么。

科学家在有 MAOA 基因突变的孩子身上发现了两个现象。第一，如果幼年遭受了家暴，那么孩子长大以后出现行为障碍，乃至严重的暴力犯罪的可能性更大。第二，如果幼年没有经历家暴，那么这些孩子长大以后和没有 MAOA 基因突变的孩子表现一样，并不会更容易产生行为障碍或暴力犯罪。

通过这两个现象，我们可以解读出两个意思。第一，拥有 MAOA 基因突变的孩子确实容易冲动。如果幼年遭受了家暴，孩子的心理创伤本来就很大，再加上处在非常糟糕的家庭环境中，所以长大以后大概率会出现行为障碍，导致社会问题。轻则在酒吧打架伤人，重则违法犯罪。第二，导致这些拥有基因突变的孩子长大以后发生暴力犯罪的罪魁祸首，是幼时遭受的家暴。因为在没有家暴的家庭下，即使有暴力基因突变的孩子，长大也完全没问题。由于接受了正常的家庭教育，即使孩子性格上容易冲动，也会受到社会道德准则的约束，不会成为社会问题。

可以说，这是一个被媒体误解了 20 年的研究结果（见图 7-2）。

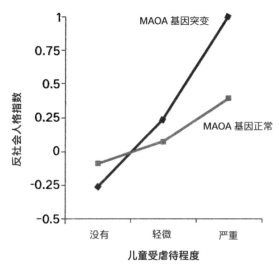

图 7-2 儿童受虐待程度与反社会人格指数相关性统计图

横坐标为儿童受虐待程度,从左至右依次为没有、遭到轻微或严重
的暴力虐待。纵坐标为反社会人格指数。其中绿色线条代表 MAOA
基因正常的人群,红色线条代表 MAOA 基因发生突变的人群。

　　研究者将家暴程度分了三个级别:没有、轻微和严重。研究结果表明,不
管有无暴力基因突变,只有在遭受严重家暴时,研究对象的反社会人格指数才
会飙升。如果一个人有暴力基因突变,幼年又遭受了严重家暴,雪上加霜,那
么他就很可能成为社会的危险因素。对这些幼年遭受了严重家暴的孩子而言,
他们从小就没有正常的家庭环境,如果还要因为携带了先天的基因突变受到歧
视就太荒谬了。有这工夫还不如努力去消除家庭暴力。虽然基因不一定决定人
的上限,但是看来环境决定了人的"下限"。

暴力基因突变一定不好吗

现在我们知道，MAOA 基因突变会让人更冲动，但暴力犯罪的首要诱因是个体幼年遭受的家暴，而不是 MAOA 基因突变。有人据此认为，暴力基因应该取名叫障碍基因。但是我觉得叫"障碍基因"也不对，争强好胜、容易冲动并不一定就是性格障碍。

2011 年，美国加州理工学院的科学家做了一个实验，他们找了 90 名男性，其中一部分人是有暴力基因突变的，另一部分没有。研究者设计了实验，想看看谁更善于在压力状态下在金钱投资方面做出更好的选择。[18]

科学家发现，与没有基因突变的人相比，有暴力基因突变的人更能在风险之下顶住压力，做出更好的投资选择。这样看来，暴力基因突变还真不是一件坏事儿。在现实社会中，尤其是竞争激烈的商界，太含蓄内敛不一定是优点。我猜想，如果去测一下华尔街商业人士或者世界五百强企业管理层的基因，说不定会让人大吃一惊。所以，我认为这个 MAOA 基因突变应该叫作"战士基因"。

因为暴力基因太有名，所以科学家对全世界各族人民的 MAOA 基因都进行了测序分析，结果让所有人都大跌眼镜。美国和欧洲竟然有 1/3 的人拥有 MAOA 基因突变。幸亏我们没认定 MAOA 基因突变和暴力犯罪的相关性，否则 1/3 的人都要被冤枉。

更让人吃惊的是，汉族人拥有暴力基因突变的比例居然达到了 77%，全世界最多！这难道说明汉族人是最好斗的吗？显然不是。在人类漫长的演化过程中，汉族人群可能产生了其他的基因突变，对冲掉了 MAOA 酶活力不够的副作用，导致我们也没有特别容易冲动。由此可见，我们对于基因与性格的关系的认识还非常粗浅。

1. MAOA 基因突变可能会导致性格冲动。

2. MAOA 基因突变并不是暴力犯罪的罪魁祸首。如果携带 MAOA 基因突变的个体幼年遭受家暴，则这种冲动性格有可能导致暴力犯罪。如果携带 MAOA 基因突变的个体幼年家庭环境正常，那他也大概率不会产生行为障碍和违法犯罪行为。

3. MAOA 基因突变本身并没有好坏，在不同的社会场景下，其带来的优劣势也不同。

08
亲密关系是由基因决定的吗

　　我们知道了性格与基因有关，那人与人之间的关系与基因有关吗？人与人的关系可以分为两大类，一类是与基因相关的亲缘关系，比如父母与子女的关系，以及亲戚之间的关系等，俗称血缘关系；一类是在社会生活中形成的关系，比如同事和朋友，还有生物学意义上的亲密关系，比如伴侣。

　　伴侣之间的关系又叫爱情。不过我得先澄清一下，生物学家讨论的爱情跟社会学家和文学家讨论的爱情完全不是一码事。在生物学家的眼里，爱情就是生物体之间形成的长期亲密关系。爱情的发生包括两个生物学过程。第一个是相互吸引，比如动物之间通过嗅觉，人类之间通过视觉以及谈吐等吸引对方，然后发生两性行为，建立亲密关系。第二个是建立长期陪伴关系，一旦分开会感到痛不欲生。这两者缺一不可。

　　在生物学家眼里，一见钟情只是有可能发生爱情，后来怎么样还不知道，所以不能算亲密关系。而柏拉图式精神恋爱没有亲密接触，也不能算我们定义的爱情或者亲密关系。

现在我们就来讨论一下，生物学家眼里的爱情与基因有没有关系。请注意我们的两个关键词，第一个是亲密，第二个是长期陪伴。那么，这两个过程是由基因决定的吗？

田鼠的爱情——催产素

判断一个现象是不是与基因有关，其实有一个很简单的方法：如果一个现象不是人类特有的，其他生物也有，而且有生物学目的，就很可能跟基因有关。事实上，爱情就是这样。不止人类有爱情，其他生物也有，而且爱情的生物学目的是繁衍后代，所以我猜测爱情是由基因决定的。

光猜测还不够，我们还得证明。怎么证明呢？拿人类做实验是不现实的，我们得从其他同样有爱情的生物入手寻找爱情的基因秘密。一般的野生动物并不遵循一夫一妻制，也就没有爱情。这可能是因为野外生存食物匮乏，时刻需要警惕天敌来犯，在这种艰苦的环境中组成一夫一妻的家庭对生存并不是十分有利，所以我们看到绝大部分的动物都是以群居形式觅食和抵御天敌的。

幸运的是，科学家发现在草原上生活的一种田鼠之间有爱情，可以用于展开研究。这种田鼠严格遵循一夫一妻制，小两口整天腻歪在一起。如果人为把它们分开的话，双方都会痛不欲生。为了进行对照研究，科学家还找到了这种田鼠的近亲，一种花花公子田鼠。这种田鼠从不过家庭生活，交配完以后对下一代不闻不问，完全的花花公子做派。

这两种田鼠的不同之处是什么呢？经过多年的研究，科学家发现这两种田鼠的大脑里有一个基因的作用差别巨大。这个基因编码着一种很小的蛋白质激素——催产素（见图 8-1）。

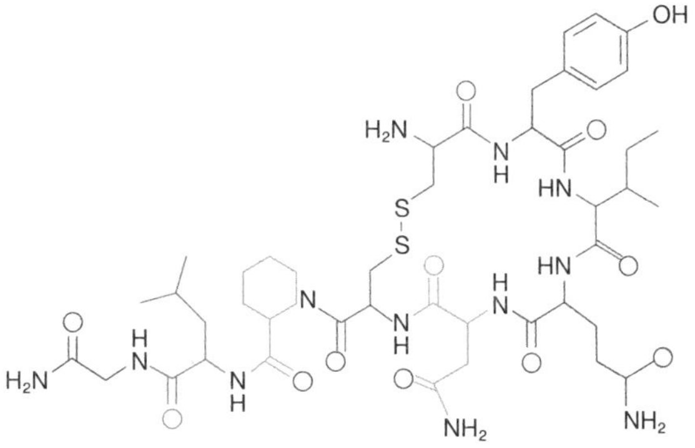

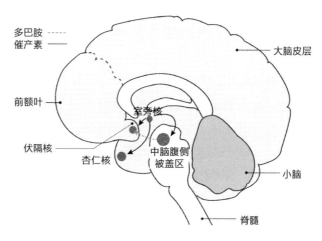

图 8-1 爱的激素——催产素

顾名思义，催产素是哺乳期的妈妈体内用来促进乳汁分泌的激素。后来科学家发现，催产素不仅在哺乳期的妈妈身体里有，在所有人的大脑里都有。催产素由大脑里的一小群神经细胞分泌、释放，可以激活脑细胞的电活动（见图8-2）。

图 8-2 分泌催产素的室旁核神经元分布

研究者发现，草原上的田鼠和花花公子田鼠的差别在于，花花公子田鼠的大脑无法感知催产素的存在，因为它们脑子里负责感受催产素的感受器特别少。难道田鼠感受到的催产素就是爱情吗？为了验证这个猜想，科学家做了一个实验，在草原田鼠的脑子里注射一种药物，这种药物可以阻断催产素和感受器的相互作用，让催产素感受器感受不到催产素。结果呢？你可能已经猜到了，这些草原田鼠恍然大悟，仿佛看透了爱情和家庭生活，立马变成了花花公子。[19]

这个实验证明了田鼠的爱情是由催产素决定的。那人类的爱情呢？催产素也决定了人的爱情吗？在人类身上进行抑制催产素的实验显然不人道，不过科学家已经研究出来怎么验证催产素增加对人类的影响了。

催产素是一种蛋白质，如果直接吃下去，会被肠胃消化，不会对大脑产生任何作用。研究者把催产素做成鼻喷剂，喷在研究对象的鼻子里，通过鼻黏膜的吸收直接进入大脑。你肯定好奇，要是把这种鼻喷剂给自己的仰慕对象喷一下，他们是不是就能爱上你？事实上，催产素并没有这么神奇的功效。科学家发现，催产素并不是点燃爱情的火柴，而是维持爱情的纽带。

实验过程是这样的，科学家让男性受试者躺在一个专门的核磁共振脑成像仪器里，这个仪器能检测两个重要指标，一个是大脑活动，一个是人的眼睛看了什么地方。他们一边给受试者鼻子里喷催产素，一边给受试者看一堆漂亮异性的照片，包括明星，也包括他们的伴侣。尽管照片让人眼花缭乱，但科学家还是检测到，男性的目光停留在自己爱人的照片上时，他们大脑里的活动最频繁，跟开心时候的大脑活动是一样的。

催产素的刺激并不能产生爱情，却能加深一个人与伴侣之间的感情，使其更持久。换句话说，没有催产素，爱情就无法维系，增加催产素，就能增进感情。那么，爱情是怎么产生的呢？催产素为什么能维系爱情呢？

爱情反应链：多巴胺—催产素—多巴胺的正反馈

科学家通过一组实验发现了爱情的完整反应链。科学家找到一对遵循一夫一妻制的田鼠，让它们每天腻歪在一起，一段时间之后再突然把它们强行分开。棒打鸳鸯的后果非常严重，与伴侣分离的雄田鼠闷闷不乐，整日垂头丧气。接着，科学家希望用增加催产素基因的方法来帮田鼠找回爱情。他们面对的一个难题是，如何把基因注射到田鼠的大脑里。

基因就是 DNA，如果我们把一段 DNA 直接注射进血液或肌肉，又或是大脑，生物体根本不会把这段 DNA 当回事，清道夫细胞立刻就会把它消化分解掉。生物体这样做很有道理，"我自己的 DNA 最重要，外来的 DNA 谁知道是敌是友？万一是细菌的 DNA 怎么办？最保险的做法就是一概清除"。

科学家最后找到了一个自然界的工具来装载基因，那就是病毒。病毒会像打包快递一样，用蛋白质把自己的 DNA 包裹起来，当病毒接触到要入侵的细胞之后，这层蛋白质才会打开一个小口子，让病毒 DNA 进去。就这样，科学家把带着催产素基因的病毒注射到了突然失去伴侣的田鼠脑子里。这个人工添加的催产素居然骗过了雄田鼠。尽管雄田鼠还孤零零地待在笼子里，但还是开心了起来，就像见到了自己的伴侣一般！

这个实验的重中之重是科学家发现催产素注射的地方很有讲究。他们尝试了各种区域，最后发现只有注射到大脑中分泌多巴胺的细胞里，才能产生这种类似爱情的效果。

又是多巴胺！上一章在讲暴力基因时我们就提到了它。看来多巴胺不仅与冲动冒险有关，还能让人相信爱情。这个实验说明，催产素带来的类似爱情的效应是在通过促进多巴胺的释放，让我们愉悦开心。为什么多巴胺能让我们开心呢？多巴胺是大脑里一类被称为"神经调质"的物质，用来调节神经活性。简单说来，就是用来让神经细胞的活性更高、更兴奋。当我们做自己热爱的工作，进行刺激的极限运动，以及发生性行为的时候，大脑都会分泌多巴胺，让我们感觉很爽。

到现在，我们终于可以基本确定爱情的反应链了，还记得我归纳的爱情关键词吗？亲密和长期陪伴。双方通过亲密的两性行为产生感情，因为两性行为会促进脑细胞分泌多巴胺，让我们感到开心愉悦。如果双方选择继续相处，长期陪伴，大脑就会分泌催产素来维持爱情，维持爱情的关键是催产素会让大脑不停地分泌多巴胺，帮助人们长相厮守。

你可能要问，为什么要通过催产素来反复产生多巴胺呢？为什么不让多巴胺在脑子里一直待着呢？我从科学的角度推测，多巴胺是一种控制神经细胞活性的化学物质，如果长期存在，有可能让神经细胞过度兴奋。从上一章我们已经知道单胺氧化酶就是用来清除大脑里过多的多巴胺的，如果不能及时清除，人们就会过度冲动。所以，为了维系长相厮守的爱情，大脑采取的策略并不是一直让人处在疯癫的热恋之中，而是用催产素来控制多巴胺，让爱情不停地被再生产出来。

虽然科学家还不清楚里面所有的细节，但是我认为，这是目前对爱情最靠谱的科学解释。

亲子关系里的催产素

现在看来，催产素好像是维持长期亲密关系的纽带，一旦产生，就可以增强这种长相厮守的幸福感，真是太奇妙了。那么，除了爱情，其他亲密关系和催产素有关吗？

有个最新的科学研究发现，雌性小鼠大脑中分泌多巴胺的神经细胞比雄性小鼠多，而且在雌性小鼠做了妈妈以后会变得更多。不仅如此，这群细胞居然会去控制大脑中分泌催产素的神经细胞，让小鼠妈妈脑子里分泌大量的催产素。[20] 小鼠并不是遵循一夫一妻制的动物，由此我们可以看出，这个催产素不是为了爱情，而是为了让母亲更好地照顾下一代，专门为了建立牢固的亲子联盟用的。科学家发现，做了妈妈的雌鼠大脑里的催产素会继续刺激分泌更多的多巴胺。这个亲子反应链简直跟田鼠的爱情反应链一模一样，多巴胺刺激产生催产素，催产素又刺激产生更多的多巴胺，这样反复循环。这种亲子反应链都不需要长相厮守，只要雌鼠一生孩子马上就能建立。

我大胆推测，不止这种小鼠，其他处于哺乳期的哺乳动物母亲大脑里都有这种亲子反应链。因为这些妈妈在孩子出生时需要承担重要的哺乳任务，这种亲子反应链应该是自然选择的产物。有这种亲子反应链的哺乳动物，才能在大自然中生存。

更神奇的是，科学家发现，不仅母亲大脑中的催产素系统被激活了，幼鼠在被母亲抚摸和舔舐的过程中，大脑里也会分泌大量的催产素。如果把幼鼠与母鼠分开，缺乏母亲爱抚的幼鼠会出现发育不良的症状。通过给这些幼鼠一些人为的抚摸，它们的发育就会恢复正常。看来，催产素不仅可以让母亲更爱孩子，也能让孩子感受到更强烈的母亲的爱。

最后有个小问题可供你思考，为什么人类是所有动物里爱情表现最明显的物种？

1. 爱情是由催产素基因控制的。

2. 爱情的完整反应链包括亲密和长期陪伴两个部分，第一部分会刺激产生多巴胺，第二部分会刺激产生催产素，之后催产素会持续激活大脑，分泌多巴胺，形成正反馈，帮助人们建立牢固的亲密关系。

3. 除了爱情，维系亲子关系也需要催产素。催产素能帮助雌性动物产生对孩子无私的爱，也可以帮助幼崽感受母亲的爱，健康成长。

09
学习的基因原理

　　我们在讲基因的决定律时提到过，行为分为本能行为和习得行为。人类的本能行为已经非常弱化了。而习得行为，也就是通过学习而学会的行为，在我们的成长中扮演了非常重要的角色。与其他动物相比，人类的学习能力是独一无二的。现代智人之所以能遍布五湖四海，很可能就是基因演化让现代智人的大脑更具可塑性，赋予了现代智人更强大的学习能力。这一章我们就来看看学习和基因有什么关系，这是个很重要的问题。如果我们能找到与学习相关的基因，就能回答两个问题：第一，能不能通过基因检测来发现聪明的人？第二，如果能修改基因，我们的学习效率能不能越来越高，变得越来越聪明呢？

学习的基因开关

　　我们是怎么学习的呢？这个问题实在是太复杂了。让我们先问一个最根本、最重要的问题，学习的过程需要基因吗？换句话说，学习的过程需要基因表达成蛋白质吗？

1970 年，科学家做了一个经典的实验，巧妙地回答了这个问题。他们让小鼠学习一个任务，然后分别在学习之前和学习之后，往小鼠的脑袋里注射能够阻断基因表达蛋白质的化学药物。他们发现，如果在学习之前注射药物，小鼠完全记不住学了什么内容；如果在学习之后注射药物，则不影响小鼠的学习效果。[21] 这个实验让我们知道，学习需要基因的表达！为什么学习需要基因呢？学习和记忆的详细机理很复杂，我可以给你讲一个简单易懂的版本。在讲述之前，我们得知道学习究竟是什么意思。当我们听老师的讲解或者阅读课本时，我们的大脑会理解、储存这些信息，而且在以后需要的时候，还能把这些信息提取出来，这就是学习。

　　那我们的大脑是怎么处理和储存信息的呢？外界的信息首先会被我们的感觉器官，比如眼睛和耳朵转换为电信号，传进大脑。我们的大脑中大约有 10 亿个神经元，信息的储存和处理都是在神经元里发生的。神经元的基本功能就是接收和发送电信号，就像一个导电的电子元件。这个比喻其实不太准确。人类大脑的功能可比电子元件组成的 CPU 厉害多了，神经元不仅能接收和发送电信号，还能根据自己收到的电信号来调整发出信号的强弱，我们把这个特点叫作可塑性。

　　也就是说，如果神经元反复收到很强的电信号，那么它发送出去的电信号就会变强。如果老是收到很弱的电信号或者收不到信号，那么它发出的信号就会越来越弱。这个增强或减弱的电信号，就是神经元里储存的信息。

　　这种可塑性的实现靠的就是神经元里的基因表达。当神经元接收到电信号之后，信号兵会把电信号转换为化学信号，然后传给管理者，最后启动工人基因的表达，生产蛋白质。接着，新生成的蛋白质会被运送到突触里，神经元的信号也会因此增强（见图 9-1）。

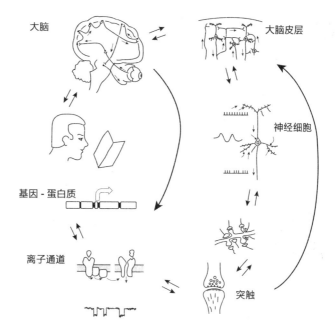

図 9-1 大脑可塑性的神经原理

图片来源：[美] 戈登·谢泼德 . 神经生物学 . 蔡南山，编译 . 上海：复旦大学出版社，1992.

突触是神经元之间连接的枢纽，是由数百个蛋白质组成的接收和发送电信号的装置。起作用的蛋白质越多，突触的活性越强，能够发出的电信号也越强（见图 9-2）。

比如，当你听到老师讲了一句特别有道理的话时，在你的大脑里，这句话会通过信息的转换激活神经元里的基因表达，使突触的活性增强，神经元原来以 15 赫兹的频率发射电信号，现在以 50 赫兹的频率发射。你听到的这句话就以神经元电活动频率变化的形式储存在了大脑里。

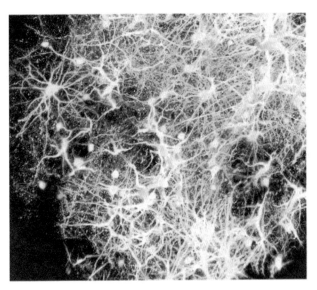

图 9-2　神经元活动示意图

图片来源：陆军军医大学谌小维教授赠予。

　　人类的大脑就是通过神经元之间具有可塑性的电活动记录下了我们听到、看到、闻到和摸到的万事万物。知道了这个原理，你就明白了，所谓"重要的事情说三遍"是有科学道理的。如果信息反复刺激神经元，那基因表达的蛋白质就会更多，突触就会更强，当然也就记得更牢靠。所以这里包含着一个学习的窍门：重要的知识要反复看，学而时习之。

　　回到我们说的经典实验，为什么阻断基因的表达就能阻止小鼠学习呢？原来，在小鼠学习的时候，信息也会让小鼠大脑里的神经元打开基因表达，生产出更多的蛋白质，让神经元的突触发射更强的电信号，记住学习的内容。如果在这个时候有化学物质阻断了基因的表达，神经元就会像电子元件一样，收到多少电信号就发出多少电信号，没有可塑性。信息无法存储，小鼠自然就记不住学了什么。

可塑性是终生存在的

知道了学习与基因表达的关系后，你肯定要问，那大脑的可塑性是长期存在的吗？不是说小孩子的大脑可塑性更强吗？是的，孩子的大脑可塑性确实很强，但是成年人的大脑也具有可塑性。处于这两个阶段的人们的学习很不一样。人类在幼年更擅长学习那些需要记忆的模块化知识，也就是说小孩子更擅长学习那些需要死记硬背的知识。而成年人拥有丰富的社会经验，学习需要逻辑推理和判断的知识远比小孩子更有效率。

幼年期的学习是打基础，而成年期的学习是进阶。成年以后，如果给人们提供更多元的学习环境，学习他们更感兴趣的内容，学习产生的基因表达会让我们的大脑潜力得到充分发挥。如果你不去利用大脑的可塑性，不学习新知识，那你神经元里的基因就不会打开。从这个角度上讲，我相信脑子越用越灵，不停地给大脑做思想体操，才能不浪费大脑的可塑性。

寻找聪明基因

所有的知识都是以信息的形式输入大脑的，激活神经元的基因表达以后，我们才能真正掌握这些内容。你可能会说你见过一些聪明人，他们不用怎么看书就能考出高分，这是因为他们的大脑与普通人不一样吗？ 世界上没有无师自通的天才。如果没有信息输入，大脑的可塑性就不会发生，知识是不会无缘无故存进大脑的。你可能会说，但是有些人确实就是更聪明一些，那么聪明基因到底存不存在呢？

对于这个问题，你不用太焦虑。我们通常认为聪明就意味着智力水平比较高，而人类的智力很复杂，可以分为两个部分，第一部分是指先天方面，又叫流体智力，包括感知外界的能力和学习新知识的能力；第二个部分是指后天方面，又叫晶体智力，比如在社会生活中学到的经验和掌握的具体技能，这个更多与后天的成长环境和人生境遇有关。

流体智力和晶体智力是心理学家给智力的分类定义。为了定量分析智力，心理学家还设计了智商测试来评估一个人的智力水平。心理学家通过对大规模人群进行智商测试后发现，人们的智商水平是呈正态分布的。绝大部分人的智商测试分数其实都相差不大，只有极少数超高，比如爱因斯坦；还有极少数偏低，主要是因为大脑发育异常。常人的智商测试分数在 80 ～ 120 分之间，而 10 多分之差造成的影响是微不足道的。人与人之间的智力水平确实有差异，但是造成的影响并没有想象中那么大。

科学家一直在努力，在数万、数十万的人群中，根据智商测试结果来寻找聪明基因，但许多年过去了，他们只找到了一些蛛丝马迹，至今没有定论。

你可能很好奇，我们不是可以通过深度学习算法准确地预测出一个人的身高吗？那能不能用类似的方法通过基因预测一个人的智商呢？[22] 我们可以从两方面来看这个问题。第一，智力过于复杂，包括学习、记忆、推理、想象、判断等方面。大脑里的无数功能脑区都要协同工作，才能让一个人的智力水平正常发挥。这些复杂的因素是很难量化的，所以智商测试只是一个估计，我们还找不到明确的基因来预测这么多复杂的因素。第二，对于一些能够量化的能力，比如记忆力，我们也许可以找到一些相关基因。但是就算一个人记忆力超常，是不是就一定代表他的大脑功能特别强呢？不一定。因为智力水平不仅体现在记忆力一个方面。

我个人的观点是，我们没有必要寻找聪明基因，如果真心想变聪明，还不如想办法把学习过程中的基因表达变得更有效率，那不也能让我们学得更快吗？

1. 人类的学习靠的是神经元的可塑性，而这个可塑性是通过基因的表达过程完成的。

2. 大脑的可塑性终生存在。如果你不利用大脑的可塑性，坚持学习，那么神经元里的基因就不会打开。

3. 智力与众多因素有关，所以我们很难找到所谓的聪明基因。

10
能量代谢的基因原理

　　我们说基因决定了生物体的三维组成，其实这里面还包括一个重要的部分，那就是生物体的能量代谢。所有的生物体都需要新陈代谢，摄入能量，释放能量。生物体的生长需要能量，机体成熟以后，行为认知过程也需要能量。能量代谢这个不容易被我们注意到的过程，每时每刻都在生物体中高效地进行。这个过程当然也是通过基因编码的蛋白质来完成的，说到底，也是基因决定的。

　　虽然每个人身体里都在进行能量代谢，但其过程很容易被忽视。不过随着人们的饮食越来越好，只要不坚持体育锻炼，你会发现自己很容易发胖，腰间不知不觉就长出了"救生圈"。有些朋友常说自己怎么吃都吃不胖，惹人艳羡，这是不是因为他们有吃不胖的基因？这一章里，我想跟你聊聊关于基因与能量代谢的几个有趣的故事。

天生抗高血脂的基因

"基因决定能量代谢"好像听上去是一句废话，我们原来也这么认为：反正能量代谢很重要，管能量代谢的基因肯定也非常重要，不能随便改变，一旦出了问题生物体就玩儿完了。换个角度说，我们不管它也没关系，反正每天都要吃喝拉撒，基因干什么我们不用管太多，只要它们各司其职就完了。没承想，后来科学家居然发现了让人天生不怕高血脂的基因突变。

高血脂作为现代病之一，人们谈"高"色变。肥胖等原因引起的血脂过高极大地提高了人们患心血管疾病的风险，是现代人面临的重大健康威胁之一。我们血液中的脂类分子其实有很多，而导致患心血管疾病的风险上升的脂类分子特指其中一类——低密度脂蛋白胆固醇分子（LDL-c），这类脂类分子是高血脂引发心血管疾病的罪魁祸首之一。

2003 年，科学家在法国发现了一个患有严重高胆固醇血症的大家庭。高胆固醇血症不是肥胖，但是这种疾病比肥胖更影响人的健康，甚至不是胖子也可能患有高胆固醇血症。高胆固醇血症主要表现为人体的能量代谢异常，无法正常消化脂肪等高热量食物，导致血液中异常的脂类分子变多，尤其是低密度脂蛋白胆固醇分子，因此大大提升了患心血管疾病的风险。很多患者看上去没有症状，但是一旦血液中的异常脂类分子增多到一定水平，就会暴发严重的疾病，包括心肌梗死、缺血性心肌病等。科学家发现这个大家族里的患病者都携带有同一个基因突变，这个基因叫 PCSK9，中文名为前蛋白转化酶枯草溶菌素 9。有意思的是，这个大家族携带的基因突变并没有让这个基因丧失功能，而是让这个基因编码的蛋白质的功能增强了！

如果是这个基因增强导致人体产生了高胆固醇血症，并且提升了心血管疾病患病率，那么反过来，干掉这个基因，人们是不是天生就不怕高血脂了？大自然母亲已经随机选中了幸运儿。2005 年，大西洋彼岸几个研究胆固醇的美国科学家在一项数千人参加的基因检测中发现，有一名女性确实携带着这种基因突变，这种突变导致 PCSK9 基因编码的蛋白质无法产生。携带这种基因突变的是一名黑人女性，她身体非常健康，还是一名专职的健身教练。这位幸运儿可以说是大众羡慕的对象，因为她从出生的那一刻起就没有 PCSK9 基因编码的蛋白质，血液中有可能导致疾病的脂类分子水平低到不可思议。

临渊羡鱼，不如见贤思齐，如果人为地把我们身体里的 PCSK9 蛋白去除掉呢？在做这件事情之前，科学家详细研究了这个基因的功能，发现 PCSK9 蛋白确实对脂类代谢非常重要，而关键之处在于，没有它，对人类的健康也没有太大影响。于是制药公司迫不及待地开始研究抗体药物来清除人体的 PCSK9 蛋白。2015 年，两款可以降低人体 PCSK9 蛋白水平的抗体药物获得了美国食品药品监督管理局的批准。法国的那个患有高胆固醇血症的家族也迎来了他们的"神药"。当然，这个抗体药物目前还属于处方药，一般药店买不到，而且价格昂贵。有人可能会问，此药是否可以让我们健康减肥，满足一个吃货的梦想？很遗憾，不行。因为高血脂只是脂类代谢的遗传表现之一，而肥胖与许多因素有关，包括血液中的糖分和其他脂类分子。科学家们也做过实验，让缺失 PCSK9 基因的小鼠暴饮暴食，结果小鼠还是一样会长胖。那么是否有天生就吃不胖的人呢？

天生吃不胖的人

2011 年，英国残疾人自行车竞赛的冠军名字叫汤姆·斯坦尼福德（Tom Staniford），他骨瘦如柴，患有多种疾病，包括关节疾病、II 型糖尿病、轻度失聪，而且脂肪代谢严重异常，因此被归为残疾人自行车选手。你看到他的照片肯定会比较震惊，用皮包骨头来形容一点也不为过。2013 年，他的疾病被确诊，是一种名字叫 MDP 综合征的罕见病，全世界患有这种疾病的人不超过 10 个。这种病最大的特征就是患者几乎没有脂肪组织，幸好汤姆还有一些腿部肌肉，可以从事自行车运动。我们相信，这位无论吃什么高热量食物也不会长胖的病人，肯定不会是吃货们的梦想。后来，MDP 综合征的致病基因被找到了，是与 DNA 复制有关的基因 POLD1 发生了突变。患者不仅无法代谢能量，还会患上许多其他方面的疾病。骨瘦如柴的汤姆的梦想肯定是希望拥有一些适度的脂肪，过上健康的生活。与基因突变的极低概率类似，在人类社会中，这种病人的出现概率也是十亿分之一。

有人天生就吃不胖吗

你可能还会遇到一些朋友老说自己怎么吃也吃不胖，他们也没有什么明显的疾病。那么这种情况是真的吗？有人真的天生就吃不胖吗？或者有基因让我们不容易发胖吗？英国广播公司在 2009 年拍了一个纪录片——《为什么瘦子吃不胖》，比较科学地研究了这个问题。他们找了 10 个普遍反映自己不容易吃胖，平常想吃啥就吃啥的志愿者。在拍摄期间，节目组要求志愿者在 4 周之内每天摄入 5 000 大卡，是常人的两三倍，然后不许剧烈运动，每天走路都不能超过 5 000 步。过了 4 周，你猜结果如何？

第一，科学家松了一口气，实验结果表明人体还是符合物理学的能量守恒定律的，这些人的体重都增加了，没有人经过这样的胡吃海塞还吃不胖。

第二，科学家发现人与人长胖的方式也不一样，有些人的胖体现在脂肪增长上，而有的人的胖体现在肌肉增长上！我们知道，肌肉的基础代谢率超过脂肪，如果拥有更多的肌肉，整个身体会消耗更多的热量，换句话说，虽然体重上升了，但这些人越吃越不容易吃胖。

有健身经验的朋友会知道，一般想要增肌非常不容易，健身教练会让我们拼命做各种锻炼肌肉的运动，不能做有氧运动，还得补充大量蛋白质，一不留神练出来的肌肉就没了。而有的人居然不需要运动躺着也能长肌肉，这真是让我们只有羡慕的份儿了。这一事实说明，由于先天遗传的差异，我们摄入的热量在体内是转化为脂肪存贮起来，还是转化为肌肉增加代谢，其实都是不同的。最终结论是，由于基因的差异，确实有不容易长胖的人。

需要特别提到的是，对于人体来说，过分消瘦绝对不是好事。尤其对于女性来说，如果过瘦会严重影响女性月经周期的正常循环，这在一些非常消瘦的芭蕾舞演员和模特身上体现最为明显。我们的机体会自发检测能量水平，如果发现能量过低，则会认为机体处于不健康的状态，从而扰乱正常的生理周期。

章后小结

The Gene Enlightenment

1. 人类机体里管理能量交换的这些基因还远没有被充分了解。这些能量基因与我们的健康息息相关，适当地操纵它们让我们有可能治疗先天的遗传代谢疾病，说不定还能满足我们远离高血脂和减肥的"小目标"。

2. 能量代谢是一个精确的平衡过程，过度消瘦和过度肥胖都属于严重的疾病。由于基因的差异，人们的能量代谢水平确实先天有别。

3. 如果你真是那种不用锻炼也能长肌肉的幸运儿，那真要恭喜你！如果你不是幸运儿又想减肥的话，那就和我们一样"管住嘴，迈开腿"吧。

11
生活经历的遗传

现在我们知道，基因决定了我们的性格、亲密关系和学习能力。严格说来，我们的基因是祖祖辈辈传下来的，经过了至少成千上万年的传递、突变和重组，才变成今天这个样子。我们的基因里储存的信息很古老，基因演化的过程也经常以数万、数十万年计。这就有个问题，如果我们遇到了什么灾难，或者什么开心的事情，有没有办法马上让下一代知道呢？当然有，我们有语言和文字，可以将上一代的生活阅历和经验马上传给下一代。文字和书写系统的诞生只有几千年，语言的传递历史久一些，缺点是容易出错、以讹传讹。

你可能想象不到，除了人类的语言和文字以外，基因居然也能把上一代的生活经历遗传给下一代。这种传递并不是人类特有的，是经过了千百万年的物种演化过程遗留在基因里的。

这件事的发现源于第二次世界大战时候的一个奇怪现象。1944 年是第二次世界大战的最后一年，那一年的冬天特别寒冷，荷兰人民发动了反抗纳粹德国的起义，但失败了。纳粹报复性地切断了荷兰的粮食供应，导致那个冬天有数万荷兰人死于饥荒。数十年后，人们在荷兰的流行病学调查中惊奇地发现，出生于 1945 年的一代人非常容易患上高血脂、肥胖、糖尿病等代谢性疾病。

这件事困扰了科学家几十年，为什么饥荒年代诞生的孩子那么容易患代谢性疾病？代谢性疾病不应该跟本人的生活习惯有关吗？生活方式不健康，吃得多，动得少，然后引起心血管疾病和糖尿病等。这些孩子为什么比他们晚几年出生的弟弟妹妹更容易生这种病呢？科学家分析了这些数据，但仍然百思不得其解。如果真要说他们和弟弟、妹妹有什么差别，那就是他们的母亲在怀孕的时候经历了一个饥寒交迫的冬天。

母亲给孩子的应急锦囊

科学家对比了同一个家庭里在发生饥荒的冬天孕育并生下的孩子和在饥荒过后生下的孩子，想看看他们的基因有哪些不同。科学家发现，饥荒中的母亲体内会产生一些信号，对胎儿体内与能量代谢有关的基因做一些特殊的标记。基因被标记的下一代，一出生就会主动获取更多的食物，尽量储存更多的脂肪。[23] 这些标记叫 DNA 的甲基化修饰。基因被甲基化修饰以后就不能被打开，无法产生蛋白质。虽然甲基化修饰能把基因关上，但是这种标记并没有改变基因本身，所以生物学中称它为"表观遗传学修饰"，意思是遗传学之外的修饰（见图 11-1）。

这个表观遗传学修饰系统就是储存在母亲基因组里的应急预案。尽管母亲自己并不知道，但是她的基因其实对孩子是这么说的："儿啊，你马上就要出生了，但是外面现在在闹饥荒，你有口吃的就赶紧多吃点，吃了这顿还不知道下顿在哪儿呢，做母亲的除了基因也没什么能给你的，这样吧，我帮你先把一些浪费能量的基因关掉，希望能帮你渡过难关。"

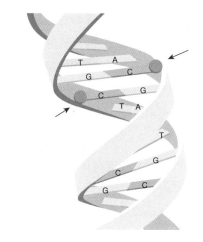

图 11-1　甲基化修饰发生在 DNA 中的 C 碱基上

在远古的无数个饥荒年代，多少动物的后代就靠着这个应急锦囊活了下来。可现实是，第二次世界大战结束后的荷兰没有饥荒了。但这些带着饥荒应急预案的孩子们仍在按着设定好的程序大吃大喝，储存脂肪，结果就更容易患上心血管疾病和糖尿病。这就解释了为什么饥荒年代出生的孩子代谢性疾病发病率更高。

看到这儿，估计很多父亲会有点不服，难道只有母亲的经验能通过基因遗传给孩子吗？

父亲遗传给孩子的"执着"

长期以来，很多人都以为，父亲对于孩子的贡献不大，只有一个小小的精子，精子里除了父亲的 DNA 以外空无一物。精子与卵子结合以后，受精卵发育所需的大部分能量和细胞器都是卵子从娘家带来的。精子就好比一个空着手的上门女婿。最新的研究结果却发现，父亲的这一个小小的精子其实并不简单。

2017 年，中国科学家发现，如果雄性大鼠被可卡因诱导成瘾，这种成瘾大鼠的儿子，甚至孙子都会表现出对毒品更强的渴望，更容易产生可卡因成瘾。[24] 研究者发现，造成这种现象的原因和荷兰遭遇饥荒的母亲一样，也是成瘾大鼠后代的基因被异常甲基化了，只不过这次表观遗传学修饰的是父亲精子里的基因。看来，父亲也可以把生活经历传递给孩子。

这里有个好玩的问题，为什么瘾君子父亲会把这种容易成瘾的特质遗传给孩子呢？对成瘾类物质有瘾可不是件好事儿。要回答这个问题，你就得知道，成瘾类物质为什么会导致成瘾，而这就又要提到我们的老朋友多巴胺了。如果我们在做一件事的过程中很享受，比如听音乐或者从事极限运动，大脑中会分泌多巴胺，从而产生愉悦的感觉，我们就会越来越沉浸其中。这个大脑机制就叫奖赏系统，就是做乐在其中的事情带给大脑的奖励。

而对毒品成瘾的过程则是成瘾类物质，比如毒品，直接劫持了大脑的正常奖赏系统，不用从事任何感兴趣的活动，只要吸食一点点毒品就可以让大脑迅速分泌大量多巴胺，结果就是产生了瘾君子。大脑成瘾以后，瘾君子只有不停地吸食成瘾类物质才能维持这种愉悦的感觉，否则就会感到了无生趣。而且瘾君子维持这种愉悦感的毒品需求剂量会越来越大，所以瘾君子最后往往因为吸食过量毒品而死。

大鼠生存的自然环境里是没有可卡因这种毒品的。科学家对这些大鼠实施的毒品成瘾实验，直接激活了大鼠脑中的多巴胺系统，给它们的大脑奖赏系统做了一个极端测试。可以想象，如果大鼠有个癖好，甚至有点上瘾，这种爱好也会刺激它们大脑里的多巴胺奖赏系统。那么这个研究是否说明，雄性大鼠对这个癖好的执着喜爱会通过精子里的基因甲基化修饰传给后代，让它的孩子也更有可能形成同样的癖好呢？

我们接下来做一个不太科学的推论。假设有位父亲对音乐迷之执着，每天不弹琴就不开心，以至于不让他弹琴就好像戒断毒瘾一样难受。对音乐如此痴迷的父亲，有没有可能将这种对音乐的痴迷也传给孩子呢？我并不知道。只能说，如果按照这个成瘾隔代遗传的实验原理推断，这种情况是有可能发生的。如果你感兴趣可以去调查一下，大音乐家的父亲中有多少人是对音乐非常痴迷的，也许结论会让你大吃一惊。不过这些大音乐家可能不服气："我明明是凭自己的汗水和努力成功的，怎么可能是因为父亲遗传给我的甲基化基因！"

我们更进一步来想，为什么父亲要将这种喜好遗传给孩子，让孩子也更容易痴迷于同样的爱好呢？这种特质难道在进化上可以赋予动物什么特别的优势吗？坦白来说，科学家也还没有找到足以令人信服的答案。

用进废退理论对吗

说到这儿，你可能会疑惑，这不是赞同了拉马克的"用进废退"理论吗？用进废退理论认为，上一代具有的优势可以通过基因传给下一代。比如，长颈鹿的脖子之所以那么长，是因为它们需要拼命伸着脖子够到大树上的树叶，然后它们的下一代的脖子就越来越长。还比如，将农作物一点一点往寒冷的地区移植，这些农作物就能获得在寒冷地区生存的能力。这些听上去颇有道理的解释，其实是十足的伪科学。科学家做了严格的科学实验，证明这些观点是完全错误的。把农作物往寒冷的地方移植，作物很快就会全部死光，植物不可能在两三代的时间内就学会抵抗严寒。

如果说这个理论不对，但刚刚我们说上一代的生活经历可以遗传给下一代，这不就是用进废退吗？我要强调一下，这跟用进废退理论可不是一回事儿。它们的本质区别是，孩子基因上的甲基化标记是暂时的，而用进废退里的生活经历对基因的改变是永久的。

用进废退理论认为，短暂的生活经历能快速改变 DNA 本身，而在饥饿母亲的例子中，饥荒经历并没有改变下一代的基因，而是激活了母亲基因里的古老程序，对基因进行了甲基化标记。被一代代遗传下来的是这个古老的应急程序而已。下一代如果饮食充足，表观遗传学修饰就会停止起作用，这种大吃大喝积累能量的特点不会再被遗传下去。有着痴迷爱好的父亲的孩子如果在生活中没接触到相关事物，他的痴迷就不会继续，孩子的下一代的基因里也就没有甲基化标记了。

真正被忠实地传递给下一代的，并不是基因上暂时的化学标记，而是这种根据不同环境在后代基因上做甲基化标记的本领。这个表观遗传学修饰过程需要一系列的能够对 DNA 特定位点进行甲基化修饰的蛋白酶，它们由一系列基因负责编码。这些基因不是上一代刚刚获得的优势，而是经过了漫长的自然选择被留下的。

从达尔文自然选择理论出发，我们很容易就能理解这个现象，在漫长的演化过程中，基因的变异是没有方向的，有些生物具备了在灾荒年代对下一代的基因做标记的本领，这些生物的下一代就能学会在困难的环境下尽可能地保存能量生存下来，而没有这个本领的生物很可能就在漫长的演化中灭绝了。我们在今天看到的种种奇怪现象，都可以用物竞天择的达尔文演化观点来解释。

1. 母亲可以通过 DNA 的甲基化修饰来影响下一代的能量代谢。

2. 精子里基因的甲基化修饰能将父亲对某些事物的爱好传给孩子。

3. 表观遗传学修饰并不会改变下一代的基因，如果环境发生变化，这些修饰不会继续遗传，产生这种修饰的方法是基因编码的。

12
基因并非命运

有次参加国际会议，我碰到一位研究了一辈子基因的哈佛大学教授作报告，专业内容我已经记不清了，但是说到基因的作用的时候，他的一句话一下子击中了我，解开了我内心的很多疑问。这句话是"Genes are not fate"，中文的意思是"基因并非命运"。

当你知道有基因这个东西存在以后，我猜你也一定有和我一样的疑问。我们的这一生有哪些是先天决定的，哪些是通过后天的努力可以改变的？基因只能遗传自父母，自己不能改变，但是我能不能靠后天努力让命运越来越好呢？如果一个人的命运刚出生的时候就被基因确定了，人生还有什么意义呢？

我们反复讲，基因是生命舞台上的绝对主角，那为什么科学家还说基因并非命运呢？命运是什么？命运就是我们的人生经历，比如我是成为一个生物学家，还是成为一个诗人，我会遇到谁，跟谁在一起，在哪里定居等。

人生经历就好像我们出演的一部真人秀,基因设定了我们的角色,决定了我们的身高、体重、长相、行为模式,以及遇到事情如何反应等。但真人秀还有一个非常重要的部分,就是规则设定。在人生里,负责设定规则的是社会环境。试想一下,如果只有角色设定,你能预测一部真人秀的内容吗?当然不能。

1920 年,人们在印度发现了两个从小与狼群生活在一起的孩子,这些孩子被发现的时候已经七八岁了,完全不会直立行走,甚至和狼一样只吃生肉,也不会说话。回到人类社会后,经过多年的学习,他们还是勉强只能说几个简单的字词,学不会人类社会的知识和技能,终生都没能融入人类社会。

从狼孩的例子中我们能直观地看到,这两个具有人类基因的孩子,因为从小跟动物长大,没有接触人类的社会环境,所以始终无法适应人类社会。从生物学上说,狼孩绝对属于人类物种,但是从社会学上说,他们已经不再是人类社会的一员了。

人类社会里的一切都在潜移默化地塑造着我们的大脑,尤其是人的语言能力和学习能力。如果脱离了人类社会,小孩子是不会无师自通掌握语言和学习能力的。社会环境深深地影响了我们的命运,那它到底是怎么起作用的呢?这一章里,我会从感知觉、智力发育和价值观这三个方面,告诉你社会对人们产生的影响。

感知觉形成的关键期

社会环境对感知觉有什么影响呢?我先跟你分享一个经典的科学实验。1963 年,两个初出茅庐的年轻人在美国约翰·霍普金斯大学阴暗的地下室里对小猫进行着一些实验(见图 12-1),他们希望记录小猫在观察世界的过程中大脑皮层的神经细胞产生的视觉反应。我们知道，猫的视觉是非常发达的。这两个年轻人当时发现猫的大脑皮层上有各种感受图案形状的细胞，这些发现让他们在十几年后拿到了诺贝尔生理学或医学奖。但是我认为真正改变了世界的，是他们的另外一个实验。

图 12-1　进行猫的视觉实验的两位科学家

图片来源：www.jax.org。

　　在研究视觉细胞的功能之余，他们还想知道如果小猫刚出生的时候眼睛就不能接收外界信息会怎么样，于是他们做了一个听起来有点残忍的实验。在小猫刚出生时，他们用针线将猫的眼睑缝合了起来，过了一个月再拆开。接下来他们给小猫看各种图案，并记录其大脑皮层上视觉神经细胞的各种电反应，最终惊奇地发现，小猫的视觉系统不再对各种图案产生规律性的反应。换句话说，猫的大脑不再能够分辨眼睛看到的是什么。小猫可以"看见"，却无法"看到"。这两位科学家又做了个对比实验，将已经一个月大的小猫的眼睑缝合起来，过了一个月再拆开，结果表明，小猫的视觉系统是完好的。

　　从这个实验里，我们可以得到两个重要信息。第一，如果想要形成正常的视觉，光有基因还不够，小猫的眼睛还必须接受外界环境的信息输入。第二，刚出生的第一个月是一个发育关键期。这个阶段有没有关键的信息输入，决定了猫长大之后的视觉发展水平。

经过数十年的科学研究，科学家终于发现了实验背后的秘密。就像前面讲过的学习过程一样，我们一出生，一睁开双眼，大脑就在我们不知不觉的情况下用眼睛去学习、观察外面的世界了。外界的信息通过眼睛转化为电信号，传进大脑，激活神经元里的基因表达，生产出来的蛋白质被输送到突触上，发出更强的信号，然后建立起一个成熟的神经网络。长大以后，这个成熟的神经网络才能继续识别我们看见的万事万物（见图 12-2）。

如果一出生眼睛就被蒙上了，没有外界信息输入的神经元就无法通过可塑性来启动基因表达，突触也无法增强，这个视觉系统的神经元网络就建立不起来。错过了视觉形成关键期的小猫，即使它的视网膜还能接收视觉信息，但是大脑里没有建立视觉神经网络，眼睛看见了，大脑却无法获取有效信息，所以无法"看到"外面的世界。

这两个年轻人自己都没想到，这个实验对当时的科学界产生了巨大的冲击。20 世纪 60 年代，科学家刚刚发现了 DNA 的化学结构，大家沉浸在遗传物质 DNA 简单、美妙的结构中，普遍认为生命的奥秘完全储存在基因里。但是这个小猫实验说明，大脑发挥正常的功能不仅需要先天的基因，还需要在出生后的关键时期接收重要的信息输入。只有外界信息的输入，才能启动基因的表达，大脑才能够真正成熟。

细心的你也许还会发现，我刚刚讲述的这个大脑感知觉系统的发育过程对人和动物来说是一样的。不错，对于感知觉系统的发育，比如视觉、听觉、嗅觉等，人类和其他高等哺乳动物的感觉系统确实差不多，都会经历关键期。在著名神经科医生奥利弗·萨克斯（Oliver Sacks）的著作《火星上的人类学家》（*An Anthropologist on Mars*）中，他记载了一个罕见的病例，一名盲人在成年以后通过手术重获光明，那你认为这名盲人还能看到这个世界吗？大家可以猜测一下。

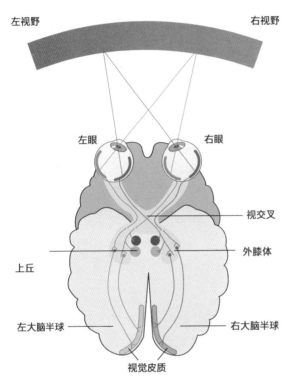

左视野　　　　　　　　　　右视野

左眼　　　右眼

视交叉

外膝体

上丘

左大脑半球　　　　　　右大脑半球

视觉皮质

图 12-2　视觉系统的工作原理示意图

　　值得多说一句的是，把小猫的眼睛缝上做实验听上去有点残忍，但这个实验后来帮助了难以计数的弱视儿童。因为在这个研究结果发表以后，科学家和医生都认识到，人类的视力发育也存在关键期，所以对弱视儿童进行视觉康复治疗应该在幼年时尽早进行，如果错过关键期将会对孩子们的视觉产生无法挽回的影响。这个科学家出于好奇开展的实验最终挽救了无数有视觉发育障碍的孩子。

环境对智力发育的重要性

社会环境对智力的发育有什么影响呢？美国低收入家庭的社区中大多是非裔美国人，出生在那里的孩子经常不好好学习，长大以后找不到稳定的工作，甚至走上违法犯罪道路，造成严重的社会问题。

美国有些社会学家和科学家因此提出，会不会是非裔美国人本身的基因不够好，决定了他们的智力水平不高？是基因决定了他们的命运吗？面对这些质疑，1970 年，美国教育学家与心理学家启动了一个史无前例的社会学实验，史称"卡罗来纳初学者计划"（Carolina Abecedarian Project，见图 12-3）。他们招募了 100 多个来自低收入家庭的孩子，其中很多是非裔美国人。科学家在孩子刚刚出生几个月后，就将他们随机分为两组——对照组和实验组。

对照组的孩子不会接受特殊训练，而实验组的孩子会接受幼儿教育。这里所说的幼儿教育和我们常说的所谓"早教计划、幼儿教育"等完全不一样，并非提前教孩子以后会在小学里学习到的那些知识。卡罗来纳初学者计划的老师只是和孩子们一起做游戏，在游戏中帮助孩子进行社交、情绪、认知以及身体方面的锻炼。这个训练计划的强度很大，工作日每天 1 次，每周进行 5 次，从出生几个月后就开始，一直持续到 5 岁。每隔几年进行一次随访，一直持续到这些孩子 40 岁。[25]

这个计划还有一个特点是只进行学前教育，所有的干预到 5 岁为止。因为美国社会有普及的义务教育系统，所以接下来孩子们都会进入小学进行正常的学习。这些学前教育只是给 5 岁前的孩子营造了一个具有丰富刺激的环境，所以不是我们所说的严格意义上的"课堂教育"。

那么，5 岁前的这些游戏对这些孩子产生了哪些影响呢？负责进行实验的心理学家说，在孩子们 2 岁的时候，他们就发现了实验组和对照组之间的巨大差异。当然，我们还是要看数据说话。从小学和中学的学习成绩来看，实验组的孩子远远超过了对照组。在 21 岁的时候，实验组里进入大学的孩子的比例是对照组的 4 倍。

图 12-3　卡罗来纳初学者计划

图片来源：https://abc.fpg.unc.edu/abecedarian-project。

　　有一个从卡罗来纳初学者计划中受益的孩子在长大成人后不无感慨地说，他的很多幼时玩伴都因吸毒斗殴进入了监狱，他则幸运地接受了规范的教育，拥有一份体面的工作和幸福的生活。他说，从智力上来讲，他并非比同伴更聪明，而仅仅是因为当初入选了卡罗来纳初学者计划。这项对社会有益的教育计划后来是否有扩大或继续呢？并没有。一部分原因是这个计划耗资巨大。从当时来说，对每一个孩子进行长达 5 年的幼儿教育所投入的人力、物力成本在数万美元以上，这在 20 世纪七八十年代的美国已经算是巨款了。由此可见，对于整个人类社会来说，资源的丰富程度决定了教育水平的优劣，甚至决定了人类整体进步的步伐。

这足以说明，那些成为社会问题的青少年并不是由于先天的基因导致他们无法学习或者走上暴力犯罪道路，而很有可能仅仅是因为儿时的成长环境太恶劣了。这个伟大的社会实验告诉我们，5 岁前的教育环境对孩子们的智力发展影响巨大。其实，这个实验的发现还远远不止于此。

儿时的 5 年和一生的价值观

2018 年，卡罗来纳初学者计划实施 40 年后，研究者又把实验组和对照组的实验对象找了回来，这时他们已经是中年人了。研究者希望用严格的科学实验来研究，最初的 5 年教育是否有对已经成年的他们产生价值观方面的影响。研究者设计了实验让他们做一些经济方案的抉择，实验设计得很复杂也很科学。[26] 总之就是测试他们对于社会公平的态度，看他们是否愿意放弃自己的一些利益尽量维持社会公平，或是不管对其他人公平不公平，就是不愿意放弃个人的利益。

研究的结果又让所有人都大吃一惊。幼年接受了更好的教育的实验组成员长大更希望维持社会公平，就算暂时放弃自己的一些利益也在所不惜。换句话说，尽管这些孩子出身贫寒，但在幼年接受更好的教育以后，长大还是希望社会往更公平、更平等的方向发展。如此看来，幼年的生活确确实实影响到了这些人的价值观。所谓"三岁看老"可能有点绝对，但这说明我们对年幼的孩子进行的教育对他的一生都影响巨大。

说到这儿，你应该知道为什么说基因并非命运了。基因给了你起跳的能力，而环境就像重力，影响了你跳起来的实际高度。如果把你送上月球，你能轻松打破地球上的跳高纪录，但如果把你送到重力比地球大 10 倍的木星上，估计你连站立都很困难。

这个横跨了 40 年的伟大实验相当于把一部分孩子从木星带到了地球上，让他们有了展现自身潜力的机会，也让我们认识到，他们的基因和地球上的孩子的基因是一样的。那些碰巧生活在地球上的人们，怎么能嘲笑木星上的孩子跳得不够高是因为他们的基因不够好呢？

基因决定了你的能力，但是无法决定你的命运。尽管有的人确实能力强一点，跳得高一些，但是只要努力奋斗，总可以在社会里找到一席之地。

现在让我们做一个思想实验，假如我们已经拥有了完美的克隆人技术，为了满足人民群众日益增长的文化娱乐需求，不差钱的郭德纲老师要求科学家利用克隆技术多克隆几个郭德纲，扩大德云社业务，把德云社开遍全世界，你觉得这事靠谱吗？这个思想实验还没有做完，你可能知道著名大提琴演奏家马友友，他的音乐很多人爱听，但是马友友只有一个，我们能不能用克隆人技术多克隆几个呢，这事靠谱吗？

章后小结

The Gene Enlightenment

1. 在出生后的关键成长期里，环境信息的输入决定了感知觉的形成。

2. 5 岁前的幼儿教育对孩子的智力发育非常重要。

3. 幼年的教育会对人们成年后的价值观产生巨大影响。

13
基因是自私的吗

讲到藏在基因组里的古老印记对我们产生影响的时候，你是否想到了"自私的基因"？"自私的基因"理论将包括人类在内的所有生物都描述成基因的奴隶，生物生存的意义就是为了繁衍后代、传递基因。基因真的是自私的吗？我们是否真的是基因的奴隶？

"自私的基因"理论起源

"自私的基因"理论源自英国进化生物学家理查德·道金斯[①]写于 1976 年的名著《自私的基因》（*The Selfish Gene*），这个理论包括以下几个主要观点：第一，生物界演化的主体是基因，生物体作为基因的载体，存在的目的只是帮助基因永远流传下去。第二，生物体的 DNA 里面只有少数是负责编码蛋白质的

---

① 著名进化生物学家、英国皇家科学院院士，其自传体著作《道金斯传》及经典之作《基因之河》中文简体字版已由湛庐文化策划，分别由北京联合出版公司及浙江人民出版社出版。——编者注

"有用"基因，大部分是一些"垃圾"DNA，这些DNA并不编码蛋白质，但会像寄生虫一样浪费生物体的能量，因此生物体只是自私的基因的载体而已。第三，当生物体的利益与基因相冲突的时候，肯定是基因胜出，比如雄性螳螂交配完毕以后会被雌性螳螂吃掉，之所以要牺牲自己的原因是，生物体作为基因的奴隶，会不惜牺牲自己来维持基因的延续。这个理论在逻辑上完全自洽，听上去很有道理。"自私的基因"理论从40多年前诞生之日起，就成为演化生物学以及社会学中的重要学说之一。接下来我将从几个方面分别讲讲，这些观点究竟有没有道理。

作为高度进化的生命形式，生物体的基因组里面确实有大量并不编码蛋白质的DNA存在，每一个细胞的复制都需要把基因组完整地复制一遍，所以有那么多看上去并没有什么用的垃圾DNA，确实非常浪费能量。如果把这些能量节省下来，说不定生物还能产生更高级的本领呢。这种说法有道理吗？在《自私的基因》第一版出版的1976年，这些不编码蛋白质的DNA看上去确实是垃圾，生物学家想破头也不知道它们有什么用。比如我们在基因演化律里讲过的不编码蛋白质的DNA片段——内含子，就是一种垃圾DNA。以前生物学家认为内含子完全是废物，真的没有什么用。那么将这些不编码蛋白质的内含子剔除会怎么样？生物体会活得更好吗？

2019年，来自美国和加拿大的科学家用一种单细胞生物——酵母菌为对象，研究了这个问题。当他们剔除酵母菌基因组里的内含子时，发现在正常情况下酵母菌的生存完全不受影响，但在酵母菌处于营养比较匮乏的环境中时，失去内含子的酵母菌不如携带这些垃圾DNA的酵母菌更有生存活力。这是怎么回事？原来，这些内含子虽然不编码蛋白质，只是以RNA的形式存在于酵母菌里，当外界的环境缺乏营养的时候，这些内含子可以作为蛋白质工厂的临时刹车，减缓蛋白质生产的速度，帮助酵母菌节省宝贵的能量，在困难时期生存下来。自然界变幻莫测，谁能保证一直风调雨顺呢？在艰难时刻，原来是所谓的"垃圾"DNA 在帮我们渡过难关。

科学家们找到了这个问题的答案，结果却让所有人大跌眼镜。这两个出人意料的研究发表在 2019 年 1 月的《自然》杂志上。我说这两个研究出人意料的意思是这些研究成果大大出乎了科学家们的预料。垃圾 DNA 究竟是不是垃圾，需要严谨的科学实验来证明或证伪。只是提出一个可能的假说是远远不够的，而随着科学的发展，我们终于能够看清楚这些垃圾 DNA 的真正使命了。

当然，科学家只是研究了酵母菌，对于更复杂的哺乳类动物以及人类细胞而言，这些所谓的垃圾 DNA 究竟有什么作用我们还了解，但可以想象的是，作为生物学家，我们肯定不会把这些未知的 DNA 简单地称作垃圾了。在 21 世纪，如果还有哪位生物学家把基因组里面不编码蛋白质的部分叫作垃圾，只怕会被同行笑话。生物体并不能被简单看作基因的奴隶或者基因的载体。

生物体与基因的利益冲突

"自私的基因"理论最核心的部分认为，生物体存在的目的或者意义就是不惜代价传递基因。当我们看到野生动物每天忙忙碌碌、繁衍生息，为了争夺配偶甚至不惜与同伴大打出手的时候，不禁感叹它们好像真是基因的奴隶。但究竟是不是基因的奴隶？对于这个问题，我们还是在生物学层面进行讨论，我完全不想上升到哲学高度来猜想我们会不会是某种神秘化学物质的奴隶。这一切现象都可以用生物演化理论和最新的脑科学研究来解释。

为什么自然界中的生物会想尽一切办法来繁殖后代？是基因主子在冥冥中发号施令吗？当然不是。达尔文的生物演化理论早就给出了答案，生物的千变万化都可以用基因来解释。生物本身的各种奇奇怪怪的技巧多得很，基因的突变是没有方向的，但是外界环境会对生物施加选择，因此经过了几十亿年的演化，只有能够适应环境的基因突变会被保留下来，所以长颈鹿的脖子越来越长，猎豹越跑越快，雄孔雀的羽毛越来越漂亮。道金斯本人后来也撰写了《盲眼钟表匠》（*The Blind Watchmaker*）一书，主要描述基因与演化的关系，但是很可惜，在这个问题上，"自私的基因"理论并没有体现出任何对达尔文理论的突破与创新。从科学层面来看，如果"自私的基因"理论完全不存在，我们的生物学研究也不会受到任何影响。

对于人类而言，"自私的基因"理论中还有一些很有趣的观点。道金斯认为，人类当然也摆脱不了作为基因的奴隶的命运，比如，我们也会希望寻找更优秀的配偶繁衍后代。随着"自私的基因"理论的发展，道金斯以及"自私的基因"理论的支持者也认为，人类开始跳脱出基因奴隶的命运。那我们靠的是什么呢？是人类的意识和自由意志。人类拥有一个自然界的动物并不具备的本领，而意识和自由意志有可能让人类摆脱基因奴隶的宿命。[27]

事实上，"自私的基因"（见图 13-1）作为一个理论，其中所谓的科学论据，比如垃圾 DNA，完全是在科学还不太发达的情况下做出的推测，是站不住脚的，而"生物的本能是繁衍后代"也可以用自然选择的生物演化理论来解释。在生物学家看来，"自私的基因"最多可以作为一种观点，而非经过了科学验证的科学理论，更不用提其实"自私的基因"理论并没有被演化生物学界真正接受，倒是社会学家很喜欢这个提法，将其挂在嘴边，用于说明所有生物都是某种化学物质的奴隶等，进而寻找人类的意识和自由意志存在的意义。

站在今天，我们究竟该如何看待这些基因与生物个体之间的纠缠与羁绊呢？

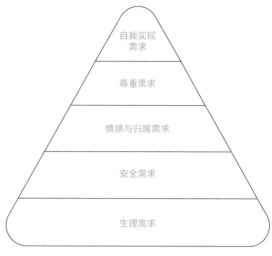

图 13-1　马斯洛需求层次理论

新时代的基因观

从动物在大自然的生存环境中我们可以看到，食物等资源非常匮乏，绝大多数动物都得为生计发愁，东奔西走，还得担心被天敌干掉，沦为食物链上级生物的盘中餐。在这种情况下，动物为什么还要想尽一切办法繁衍后代呢？从生物演化的角度很容易解释，我们根本不是谁的奴隶。但在漫长的演化岁月中，不热心繁衍的动物都没能留下后代，因此我们在生命诞生 40 亿年后的今天看到的场景就是，每种生物都拼命想要繁衍下去。

但是这一切从人类诞生之日起，或者说从现代智人诞生之日起，就被改变了。智人作为哺乳动物的巅峰代表，很容易就站到了食物链的顶端。我们不用担心天敌，靠着农业和畜牧业解决了温饱问题，还发明了电灯，照亮了漫漫黑夜。很明显，对于人类来说，由于人类社会是我们必须要适应的自然环境，因此人类物种的演化便在朝着这个方向前进。现代社会里，人们选择单身过一辈子也没什么大不了，基因能不能传下去并不是很重要。我们追求的不仅是基因的传递，还包括文化和文明的传承。

"马斯洛需求层次理论"中也不包括繁衍后代，所谓"生理需求"也在最底层，只繁衍后代根本不是现代人类的重要需求之一。对现代人来说，最重要的是在社会里寻求"自我实现"。中国有句古话，"修身、齐家、治国、平天下"，以及"立德、立功、立言"，从中可以看出，虽然传统文化强调要有后代，但这绝不是人生的终极目的。

　　现代智人追求的不再是尽可能多地繁衍后代，尽可能地传递自己的基因，而是追求能有更大的能力影响他人，改变世界。这一切观念的改变都依赖于现代科学与技术的进步，让我们认识到"垃圾"DNA 并不是垃圾，动物拼命繁衍的真正目的并不是作为基因奴隶的本能，以及为人类社会前进指明方向。

　　通过第一部分，我们认识了基因；通过第二部分，我们了解了基因与人类的羁绊；接下来，我们将进入第三部分——人类的觉醒，走入人类改造基因的波澜壮阔的历史篇章。

章后小结

1. "自私的基因"是一种演化生物学假说，随着科学的发展，这一理论已被证伪。

2. 动物的繁衍本能完全可以用现代生命科学理论来解释，生物体并非基因的奴隶。

3. 现代人类开始试图掌握自己的命运，因为科学技术让我们拥有了足够的能量和闲暇来创立灿烂的文明，人类当然也不是基因的奴隶。

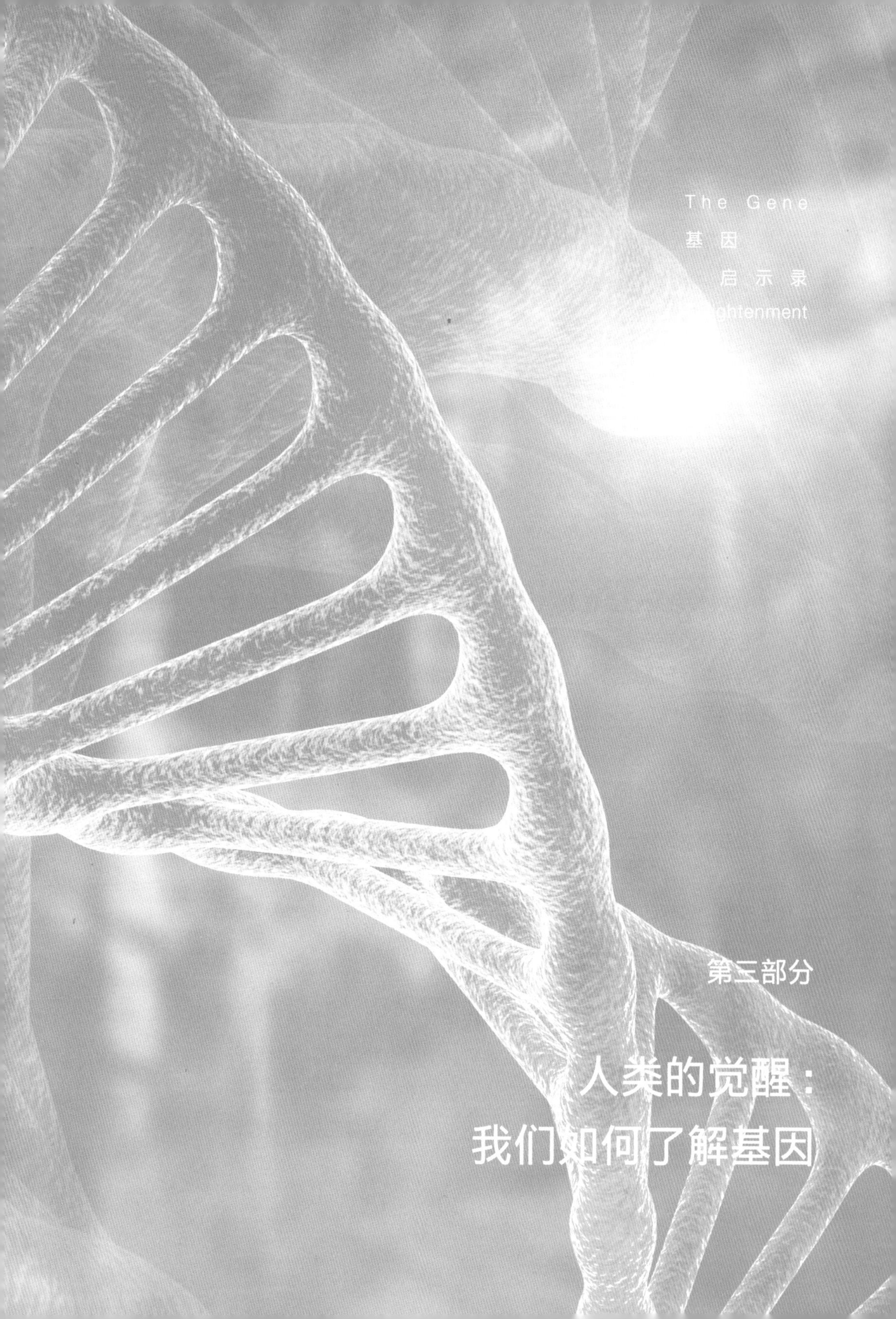

第三部分

人类的觉醒：
我们如何了解基因

14
"人类基因组计划"
带来的方法学革命

在过去的一个世纪里，人类对基因的认知在三个维度上发生了翻天覆地的变化，我称之为人类的觉醒。这三个维度分别是：方法、视野和态度。方法主要指科学家研究基因采用的方法，那么研究基因的方法究竟发生了哪些变化呢？

研究基因的两种方法

生物学家每天研究的事情就是，基因有什么用，基因是怎么决定人的身体特征、性格和健康状况的。这个问题非常复杂，总的来看，研究的方法分两种流派，就好像金庸武侠小说《笑傲江湖》里华山派的剑宗和气宗。

第一种方法讲究稳扎稳打，比较像气宗。研究思路是先看一个基因编码了什么蛋白质，然后猜猜这个蛋白质在细胞里担任什么角色，如信号兵、管理者或工人。接下来我们要看看这个基因对生物体有什么贡献，逐步推进来研究基因的具体功能。这种研究需要一个基因一个基因慢慢来，贪多嚼不烂，慢工出细活。

第二种方法讲究四两拨千斤，比较像剑宗。研究思路是科学家从生物体个体特征的蛛丝马迹里来推测基因的功能。在生物学中，这个研究方法已经发展成一个独立的学科，就是我们所说的遗传学。

我们在第二部分说到的暴力基因，就是科学家先了解到有一大家子的男性都冲动易怒，后来发现他们都拥有同一个 MAOA 基因的突变。这样，科学家就可以初步假设 MAOA 基因很可能跟性格有关。这就是一个通过生物体的特征和基因的相互关联，发现基因功能的例子。

这两种方法并无高下之分，但各有特色。剑宗的方法一下子就能告诉我们 MAOA 基因和性格的关系，而如果用气宗的方法估计得研究好多年。因为即使知道一个基因编码什么蛋白质，想要知道这个基因对生物体究竟有什么作用，还是非常不容易的。以 MAOA 基因的例子来说，尽管这个基因早就被发现了，但要不是碰巧发现了这一大家子有暴力倾向的男性成员，根本不可能有人能猜到 MAOA 基因突变会导致人的性格变化。就算知道 MAOA 基因编码蛋白质的作用是分解大脑中多余的多巴胺，谁也无法预测这个基因的突变是否会导致生物体其他地方出现问题。当发现有亲缘关系的一些人患有同种疾病的时候，遗传学对于找到致病基因就大有用武之地了。

可惜啊，科学家只是碰巧遇到了这一大家子人，才会发现这个与性格有关的 MAOA 基因。但做科学研究不能靠碰运气。而且，这个类似剑宗的方法还有巨大的局限性，它只适用于一个基因决定一种特征的情况，绝大部分的生理特征都不是由一个基因决定的，而是多个基因共同作用形成的。

当科学研究进行到这儿的时候，很多科学家心里都会冒出一个很疯狂的想法："如果能够找出人类所有的基因，会不会让研究基因的方法上一个大台阶呢？"当这个建议被正式提出以后，马上有人反对。他们认为，就算知道了人类的所有基因，但是具体到什么基因跟什么特征有关，什么基因突变会导致疾病，还是得一个一个进行研究。况且，人类的全部基因也不是那么好找的，在20世纪80年代，要实现这个想法简直比"阿波罗登月"计划还难。

寻找基因的传统方法——DNA 测序

人类的基因在哪儿？在 DNA 里。DNA 有 30 亿个碱基对，这是个什么概念？人类历史上体量最大的书是清朝的《四库全书》，但它也只有 10 亿字，与基因组相比还是相差很远。基因组这么庞大，我们要如何在里面找基因呢？你可能会说，DNA 不就是由 A、T、G、C 四种碱基循环往复构成的吗，你们科学家真想知道基因长什么样，把 DNA 的这些碱基顺序搞清楚不就行了吗？确实，只要把 30 亿个碱基对的排列次序搞清楚，我们就能知道有多少基因，而且能知道每个基因的具体构成。这个过程在生物学上叫作测序，顾名思义，就是测定 DNA 里的碱基排列次序。

大约 20 年前，我在读研究生的时候看过师姐做 DNA 测序实验，那个场景我至今难忘。我先要帮着师姐清洗各种高级的进口仪器，如果清洗不干净，会直接影响到实验结果，仅是这个步骤就需要耗费一天时间。第二天，我们还需要用具有放射性的同位素进行标记，作为学徒的我只能在旁边看着师姐对 DNA 进行各种操作。想要看到测序的结果，我们需要等到第三天，怀着惴惴不安的心情看这两天的辛苦工作究竟有没有结果（见图 14-1）。一个生物学博士忙活整整三天，能读取多少个 DNA 碱基呢？不到 1 000 个。

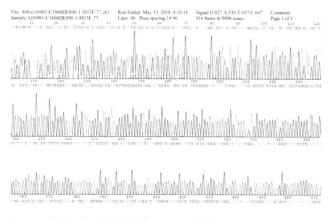

图 14-1　传统测序法读取到的 DNA 碱基序列

图片来源：作者所在实验室。

你可以计算一下，以每三天读取 1 000 个碱基的速度，我们什么时候才能读完人类的全部 DNA？对于经典的测序手段来说，人类基因组实在是太大了。

寻找基因的方法革命——"人类基因组计划"

这样一个看上去不可能完成的任务，在 1990 年由一群疯狂的科学家启动了，史称"人类基因组计划"。这个计划的目标就是要对人类的 30 亿个碱基对进行测序。

2000 年 6 月 26 日，即计划实施 10 年之后，时任美国总统克林顿、美国国家卫生研究院负责人柯林斯及 Celera 公司首席执行官文特尔博士[①] 一起，

---

① "人造生命"之父，文特尔研究所创始人，其重磅力作《生命的未来》中文简体字版已由湛庐文化策划、浙江人民出版社出版，本书讲述了分子生物学的历史沿革和未来发展方向，堪称媲美薛定谔的经典之作《生命是什么》，开启"人造生命"时代的引领之作。——编者注

在白宫宣布"人类基因组计划"基本完成。这个堪比阿波罗登月的科学计划永远改变了人类社会。在这个人类科学史上的伟大史诗中，第一号功臣当属 Celera 公司的文特尔。他在创立私人公司之前是一位事业有成的科学家，已经在著名大学取得了终身教授职位。你可能会问，他为什么会以私人公司负责人的身份参与发布"人类基因组计划"的成果呢？

因为正是文特尔发明的新型测序方法，极大地提升了测序的速度和效率，使得"人类基因组计划"得以顺利完成。这个新型测序方法被我们称为"霰弹枪测序法"。正如我描述的传统测序方法那样，如果以每天测 1 000 个 DNA 碱基构成的速度进行，猴年马月也不可能完成"人类基因组计划"。文特尔别出心裁，设计出新的方法，先把基因组随机打散，将其变成由 100 ～ 200 个碱基对构成的小片段，然后对这些小片段进行测序。测 100 ～ 200 个碱基对构成的 DNA 片段就容易多了，科学家甚至能做出全自动的测序仪器。[28]

那这无数的小片段怎么还原成由 30 亿个碱基对构成的基因组呢？因为被打散的 DNA 片段是随机分布的，所以片段之间会相互重叠。如果获得了这些小片段的完整信息，只要小片段积累得足够多，我们就能像玩拼图游戏一样，将其一点一点拼接成完整的基因组。这个把基因组打成碎片测序的方法，就好像基因组被霰弹枪打碎了一样，所以这种方法也被形象地命名为"霰弹枪测序法"（shot-gun sequencing，见图 14-2）。

在文特尔一开始提出这个想法的时候，主流科学界表示了质疑。但他不为所动，坚持将"霰弹枪测序法"付诸实施。他们先用小一些的生物基因组练手，成功以后继续扩大战果。因为实施这个计划需要大量资金，所以文特尔开始寻求国家研究经费以外的经费资助。很多投资公司看中了基因与疾病的潜在联系，因此愿意投资给文特尔。拿到大笔商业投资以后，文特尔毅然辞去著名大学终身教授职位，成立了专门从事 DNA 测序的商业化公司。当文特尔领导的 Celera 公司几乎要单枪匹马完成人类基因组测序的时候，美国国家卫生研究院领导的由国家经费资助的"人类基因组计划"仍进展缓慢，距离完成遥遥无期。最后，文特尔不计前嫌，与主流科学界握手言和，在白宫共同宣布"人类基因组计划"完成，成了科学史上的一段佳话。

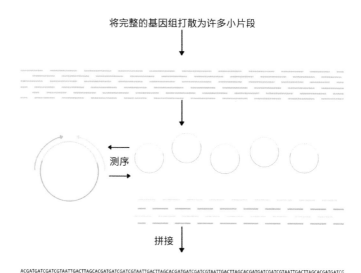

将完整的基因组打散为许多小片段

测序

拼接

ACGATGATCGATCGTAATTGACTTAGCACGATGATCGATCGTAATTGACTTAGCACGATGATCGATCGTAATTGACTTAGCACGATGATCGATCGTAATTGACTTAGCACGATGATCG

图 14-2 "霰弹枪测序法"示意图

"人类基因组计划"带来的技术革命

"人类基因组计划"给基因研究带来的影响不仅是搞清楚了人类到底有多少基因，还在于推动了自动化 DNA 测序技术的发展，让我们研究基因的效率有了指数级的提高。

基因组一共有 30 亿个碱基对，如果你每次只能读取不到 1 000 个，借用信息论的概念，这叫人与基因组之间的通信"带宽"太窄。基因组就好像是一个庞大的包含 30 亿个字节的云端数据库，而我们每次只能读取 1 000 个字节的信息，这速度真是望尘莫及啊。而"人类基因组计划"完成后就不一样了。现在，自动化 DNA 测序的最快速度是在 22 小时之内完成 30 亿个碱基对的测序，人与基因的通信"带宽"提升了几百倍。人类社会中有着类似飞速发展的技术还包括计算机处理器。

计算机处理器的主要构成是半导体，半导体行业有个摩尔定律，主要指"集成电路上可容纳的晶体管数量每两年会增加一倍"，所以使用同样处理器的计算机处理器设备同期会降价一半。你会发现现在手机的处理器运行速度远比 20 年前的计算机中央处理器的运行速度还要快。从图 14-3 中可以看出，处理器降价的速度跟基因测序的降价速度比起来，简直是小巫见大巫。

图中标明了几个关键节点。在 2003 年之前，基因测序还属于手工作坊式的，每天只能测 1 000 个。随后，第二代基因测序技术逐渐走入市场，到 2007 年，第二代基因测序仪器技术发展成熟，测序价格马上如雪崩一样下跌。2015 年，美国 Illumina 公司用 10 台第二代测序仪合并组成了 XTEN 测序仪，使得基因测序费用进一步降低，我们进入了千元，甚至可以说是百元基因组测序的时代。

拥有了如此强大的基因测序能力，我们能够随心所欲地读取基因组里的信息，那么这些技术进步究竟对人类社会有什么意义呢？在 2000 年宣布"人类基因组计划"成功完成的仪式上，克林顿说："今天，我们正在学习上帝创造生命的语言。有了这些新知识，人类将拥有治愈疾病的革命性力量。"

是的，在革命性的基因组测序方法出现后，我们检测诱发疾病的基因突变的能力大大增强了。

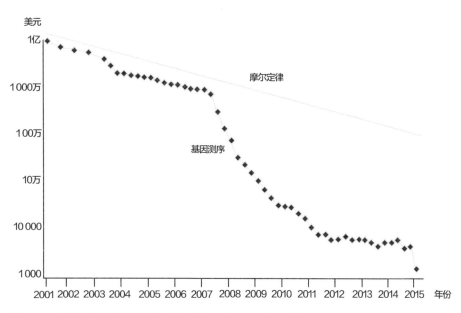

图 14-3　计算机处理器降价速度与基因测序降价速度对比图

寻找基因方法革命的成果

　　有一种老年疾病叫帕金森病，帕金森病的病因是大脑中负责释放多巴胺的神经元发生病变而死亡。多巴胺除了和冲动与愉悦有关之外，还有控制肢体运动的功能。由于缺乏多巴胺神经元的协调指挥，帕金森病患者无法协调运动，肢体不由自主地抖动，无法完成简单的动作，比如上楼梯和写字等，生活会遇到大的困难（见图 14-4）。帕金森病和阿尔茨海默病是威胁现代社会老年人身心健康的两种严重疾病。通过几十年的研究，科学家发现，帕金森病患者大概率会带有一些基因突变，但是目前还不清楚帕金森病究竟跟哪些基因突变有关。如果能找到这些基因突变，肯定会对治疗有很大帮助。

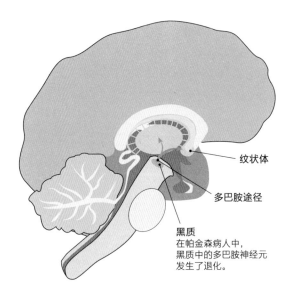

纹状体

多巴胺途径

黑质
在帕金森病人中，
黑质中的多巴胺神经元
发生了退化。

图 14-4　帕金森病的发病原因

2017 年，一篇权威的遗传学论文揭示了与帕金森病有关的 17 个基因，这个研究收集了 42.5 万人的基因组数据，是目前开展的最大规模的帕金森病基因研究。[29]

你可能想不到，这项研究最大的功臣不是某位科学家，也不是某所著名大学，而是一家公司——23andme。为这个研究，23andme 公司贡献了 37 万人的基因数据，这么多的基因数据是哪儿来的呢？

2006 年，在互联网泡沫破碎后的硅谷，在新一代互联网公司谷歌、Facebook 重新崛起的前夜，硅谷成立了一家新公司 23andme。这家公司的名字很有意思，因为人类有 23 对染色体，所以这家公司的名称其实是"基因组与我"。他们承诺，只要花 99 美元或 199 美元，人们就能得到自己的基因信息，得知自己的生理特征以及疾病与基因的关系，个人基因组时代到来了。

23andme 是第一家看透了基因本质的公司。你可能会想，基因不就是化学物质、遗传物质吗？没错，但归根结底，基因的本质是信息。既然是信息，那么只要积累得足够多，就是大数据。谁拥有了基因的大数据，谁就有可能拥有领先一步的机会。不出几年，23andme 创造了初创公司的神话，将消费型基因检测带到了大众面前。2010 年，该公司在纳斯达克上市。

2006 年，"人类基因组计划"虽然已经完成，但全基因组测序技术本身还是实验室里面昂贵的黑科技，想要走入平常百姓家不太现实，因为价格一般人承受不起。那 23andme 公司为什么只收费 99 美元或者 199 美元就能做基因测序呢？ 他们采取的方法是对基因组里面有重要意义的一些片段进行测序，大概包括几万到几十万个碱基对。换句话说，他们并不是下载整个云端基因组数据库，而只是去云端数据库里面查询了一小部分信息。

前文中提到酒量好的人跟酒量差的人的乙醛脱氢酶基因是不一样的，这个差别就体现在一个位点上，所以通过检测这一个字符，你就可以知道自己酒量好不好。

23andme 公司的这种基因检测服务会直接给消费者出具一份基因检测报告，即所谓的 DTC（direct-to-consumer）报告，这项基因检测服务又被称为"面对消费者的消费型基因检测"。这些直接给消费者提供的检测报告里经常会有一些基因与疾病的相关信息，但仅仅知道基因组的一部分信息，就能了解以后可能得什么病吗？

23andme 涅槃重生

2013 年，23andme 公司的消费型基因检测 DTC 报告里有关基因与疾病的解读部分被美国食品药品监督管理局叫停了。叫停的原因是基因与疾病的对应关系非常容易被误读。我们现在已经知道，癌症的产生通常与多个基因有关。我们每个人的基因组里都有一些可能致癌的突变，那是否应该告诉消费者这些信息呢？解读基因与疾病的关系需要非常专业的生物学和医学知识，如果给一个不具有相关知识的顾客说他有可能患某种癌症，尽管可能性很低，只怕也会把人吓得不轻。在不确定如何给并不具备专业生物医学知识的消费者提供基因诊断报告的时候，美国食品药品监督管理局暂停了 23andme 公司 DTC 报告里的基因与疾病关系解读。

不过故事还没完。2017 年 4 月，美国食品药品监督管理局正式批准，23andme 公司可以向消费者提供 10 种遗传疾病的基因检测服务。也就是说，美国食品药品监督管理局认为，现在的 23andme 公司已经可以从基因的角度对 10 种疾病的风险做比较准确的评估了。这 10 种疾病包括帕金森病、迟发性阿尔茨海默病、乳糜泄（celiac disease）、α1- 抗胰蛋白酶缺乏症（α1-antitrypsin deficiency）、早发性原发性肌张力障碍（early-onset primary dystonia）、因子 XI 缺乏症（factor XI deficiency）、戈谢病 I 型（Gaucher disease type 1）、葡萄糖 -6- 磷酸脱氢酶缺乏症（glucose-6-phosphate dehydrogenase deficiency）、遗传性血色素沉着症（hereditary hemochromatosis）、遗传性血栓形成（hereditary thrombophilia）。

这是为什么呢？原来，经过 10 年的积累，23andme 公司已经靠价格低廉的消费型基因检测收集了规模庞大的基因数据，几乎拥有了全世界最大的基因组数据库。而且，他们还有针对性地专门去收集很多疾病患者的基因信息，比如数十万个帕金森病人的基因信息。有了全世界最大的基因组数据库和帕金森病病人基因数据库，再通过统计学分析，想知道导致帕金森病的基因突变可以说是易如反掌了。

从上面这 10 种疾病来看，除了帕金森病以外，其他都是一些罕见的遗传病。我想，随着基因组数据库的日益丰富，针对遗传性疾病的基因预测会越来越准确。曾经被人戏称为"基因算命"的消费型基因检测终于登堂入室，可以正大光明地收费服务了。而如果没有"人类基因组计划"的完成，没有研究方法上的革命，这一切就不会发生。研究基因的最终受益者，是我们每一个人。

章后小结

1. 传统的基因研究方法有两种：第一种是从基因出发，研究基因与人体特征和疾病的关系，第二种是从具有遗传特征的人群中寻找有关基因。

2. 新的基因研究方法，即"人类基因组计划"催生的技术革命，最重要的革命性成果就是我们可以找到大量诱发疾病的基因，给疾病的治疗带来了曙光。

15
基因组暗物质

2000 年，克林顿在白宫宣布"人类基因组计划"完成，其实当时完成的只是一个草图。前文中提到，科学家对人类基因组进行测序的方法是"霰弹枪测序法"，而草图的意思是把基因组打散成碎片以后，科学家还没有完成所有序列的拼接，所以还不知道人类基因组的完整模样。按照工作进度，科学家们估计，3 年后会拿到人类基因组的精细图谱，并获知准确的人类基因数量。

人类基因赌局

人类认识基因已经 100 多年了，终于要知道人类所有基因的数目和模样了，大家都很激动。那时科学家们坚信，人类之所以聪明，之所以成为万物之灵，就是因为我们的基因更高级。小老鼠才有两万多个基因，人类的基因没有十万，也得有七八万个吧？为此，科学家们还郑重其事地打了个赌，每人押几美元，看看最后谁猜得准（见图 15-1）。

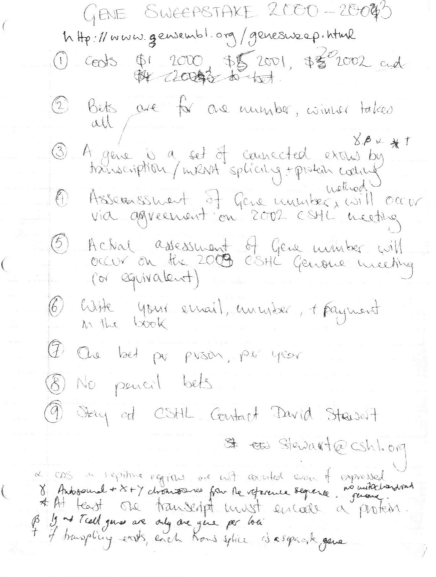

图 15-1　科学家签订的基因赌局条款

科学家们在 2000 年的一次国际学术会议上设定了赌局，2000 年的时候，科学家可以花 1 美元下注。到了 2001 年，因为对基因组的信息知道得更多了，猜测的结果可能更准，所以要花 5 美元下注。到了 2002 年，大家都能估计个八九不离十了，所以得花 20 美元才能下注。每位参会者每年可以下注一次，赢家通吃，拿走所有的钱，外加一瓶苏格兰威士忌。

尽管赌局规则相对宽松，但是到了 2003 年 4 月 14 日，当"人类基因组计划"真正完成的时候，这些科学家还是傻眼了。人类居然只有 21 000 个基因，和小鼠的基因数量差不多！最后，一位猜人类有 25 000 个基因的女科学家最接近正确答案，拿走了所有奖金。但她一点儿也不高兴，因为在她看来，人类太傲慢无知了。

更让人意外的是，这两万多个基因只占人类基因组的 3%，我们研究了100 多年的基因，原来只是冰山一角！那剩下 97% 的 DNA 到底是做什么的？它们不编码蛋白质，又有什么用呢？很多人称其为基因组暗物质，或者干脆叫它们垃圾 DNA。这一章我来讲讲人类的第二个觉醒，即认识基因视野的觉醒。让我们把视角从基因拉到基因组，看看 97% 的基因组暗物质到底有没有用。

演化的缓冲区

仔细想想，基因只占基因组的 3%，这简直就是汪洋大海里面的小岛，小得可怜。基因组为什么要那么多不编码蛋白质的部分呢？每次细胞复制的时候，都得耗费能量把基因组完整复制一遍，不是很浪费吗？如果这么多能量能节省下来，干点儿什么不比复制这些没用的 DNA 强啊。

让我们先来做一个思想实验，假如人类的基因组没有必要长那么大，在生物演化的几十亿年中，我敢说基因组肯定会一点点缩小。因为如果基因组没有必要那么大，在复制过程中意外丢失了一些没有用的 DNA 的生物肯定会获得更强的竞争优势。长此以往，基因组肯定会越来越小。但事实上，地球生物的基因组没有越来越小，也没有越来越大。所以，我们可以推测出两点：第一，基因组如果太大，就需要消耗更多能量，所以它不会无限制扩大；第二，基因组必须比基因大，如果基因组只是由基因相连构成的，估计无法起作用。

这是为什么呢？还记得前文讲过的基因演化律吧，基因会通过点突变和重组来进行演化。DNA 复制时发生点突变的概率是多少呢？十亿分之一。这个数字听起来好像超级保真，但是因为基因组有 30 亿个字符，所以从概率上讲，每一次复制都会有几个 DNA 字符发生突变。

在长大成人的过程中，我们要经历从一个受精卵分裂成 50 万亿个细胞的过程，而每一次细胞分裂都得把基因组完整复制一次。所以，按照这个概率，估计我们还没长大，基因就已经面目全非了。不过，因为基因组里有庞大的暗物质，所以我们完全不用担心这些问题。因为有暗物质，DNA 复制时发生的突变或者 DNA 中发生的重组绝大部分都不会发生在基因里，这样就不容易损坏基因本身。暗物质为基因组提供了重要的缓冲区，它们用自身的汹涌暗流，保障了基因的安全。

垃圾 DNA 是垃圾吗

除了提供缓冲区，暗物质还有什么作用吗？ 2019 年 1 月，科学家发现，酵母菌基因组里的暗物质根本不是垃圾，而是帮酵母菌渡过难关的法宝。

酵母菌是一种单细胞生物，主要用于食品发酵，例如面包、馒头和酿酒等的生产过程都需要酵母菌的参与。这个实验研究的暗物质是我们之前提过的内含子，也就是断裂的基因里不编码蛋白质的部分。为了研究酵母菌的内含子

DNA 究竟有什么用，科学家删除了看上去无用的内含子。

在酵母菌处于营养匮乏的环境里时，科学家发现那些失去了内含子的酵母菌的生存率远远不如有内含子的酵母菌。这是怎么回事？让我们复习一下基因生产蛋白质的过程。基因会先变成信使 RNA，再由信使 RNA 合成蛋白质。因为基因由外显子和内含子组成，一开始形成的信使 RNA 是按照 DNA1：1 复制出来的，含有完整的外显子和内含子信息，但是生产蛋白质的阶段只需要外显子的信息，所以必须把内含子统统剪掉（见图 15-2）。

这个研究发现，从早期的信使 RNA 上剪切下来的内含子会以 RNA 的形

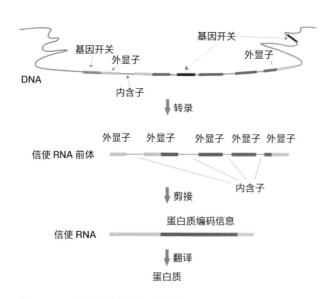

图 15-2　基因的外显子与内含子

式继续存在，而不是马上被降解回收。当营养丰富的时候，这些内含子 RNA 并无用武之地，但养兵千日用兵一时，一旦外界环境缺乏营养，这些内含子 RNA 就会作为蛋白质工厂的临时刹车，减慢生产蛋白质的速度，帮助酵母菌节省宝贵的能量，在困难时刻生存下来。如果人为把内含子删除掉，这种被改造的酵母菌在营养丰富的时候活得不错，但是在缺乏营养的时候无法节省宝贵的能量，自然就不容易活下来。[30]

在艰难时刻，原来是所谓的"垃圾"DNA 在帮我们渡过难关，看来真是错怪它们了。从这两点来看，基因组里的暗物质是很有价值的：第一，它给复制错误和随机重组提供了缓冲区；第二，内含子在细胞缺乏营养的时候可以节省能量，帮助细胞扛过危急时刻。

不过，暗物质最厉害的地方还不在这儿。你可能想不到，基因组的暗物质里其实藏着基因的开关，基因的开关对生命的演化起到了至关重要的作用。可以说，没有基因组里的暗物质，人类就不会出现。

基因大同论

我们先来思考一个问题，为什么人是人，小鼠是小鼠呢？前文中提到过，我们的基因数量和小鼠很相似，只有两万多个。人类和小鼠的基因不仅数量相似，模样也很相似，序列相似度高达 80%。

人和小鼠的细胞都需要一系列的蛋白酶来分解葡萄糖，产生能量。科学家发现，产生这些蛋白酶的基因在人和小鼠中几乎是一模一样的。如果我们把小鼠的这个基因换给人来用，估计完全没有问题，照样可以消化葡萄糖，产生能量。

我把这个现象叫作"基因大同"，意思是人类和其他哺乳动物在基因层面的差别并不是很大。这可以用达尔文进化论来解释，追溯得足够久远，所有物种都来自一个共同的祖先。不过，虽然人和小鼠都是哺乳动物，但人属于灵长类，小鼠属于啮齿类。灵长类和啮齿类在 9 000 万年前就分道扬镳了（见图15-3）。人与小鼠的基因相似度如此之高，那这 9 000 万年的独立演化究竟发生在哪些方面？人和小鼠最根本的差别在哪儿呢？难道是暗物质吗？

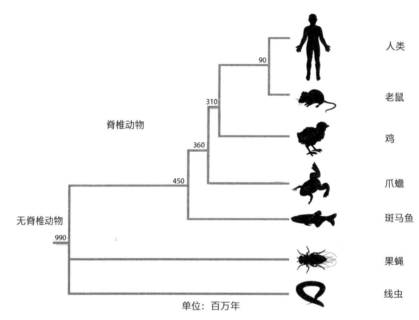

图 15-3　动物进化简史图

　　2003 年，科学家马不停蹄地启动了继"人类基因组计划"后的第二个研究基因组的大科学计划，这就是"DNA 元件百科全书计划"（ENCODE）。英文缩写 ENCODE 就是编码的意思。科学家希望在这项研究中搞明白基因组里另外 97% 的部分究竟是什么。通过"DNA 元件百科全书计划"，我们得到了从细菌到人类的一系列物种的基因和暗物质统计图（见图15-4），从图中我们能得出两个结论。第一，演化上越高等的动物，基因总数确实更多一些，比如人类的基因总数比细菌和真菌要多。但是基因的总数自昆虫以后就达到两万多了，昆虫、鱼类和哺乳类动物的基因数量相差很小。第二，基因组里不编码蛋白质的部分所占的比例，也就是基因组暗物质的占比，随着生物的演化出现了更明显的增多趋势。哺乳动物的基因总数跟鱼类和昆虫差不多，但是哺乳动物基因组里暗物质的比例明显高于昆虫和鱼类。

看来，生物在演化中的地位越高级，基因组暗物质就越多。而且，从统计图里我们也可以看到，小鼠和人类的基因组暗物质数量差不多。这也难怪，它们都是哺乳动物嘛。既然人和小鼠的基因数量差不多，暗物质的总量也差不

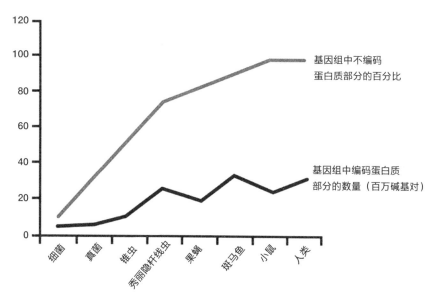

图 15-4　不同物种中的不同基因组物质占比

红色线条代表基因占基因组的百分比，绿色线条代表暗物质占基因组的百分比。

多，那人跟小鼠的差别究竟在哪儿呢？答案是，基因的开关。基因在什么时间打开，在什么细胞里打开，并不是基因本身决定的，而是基因的开关决定的。基因和基因的开关是两回事，基因的开关在基因前后的序列里面，这个基因前后的序列并不编码蛋白质，所以也是暗物质的一部分。形象地说来，基因的打开就像拉开拉链，打开基因的管理者蛋白就像打开拉链的手，而基因的开关就好像拉链的拉链头，位于基因两侧。管理者基因编码的蛋白质会像拉开拉链那样启动基因的开关，将基因打开（见图 15-5）。

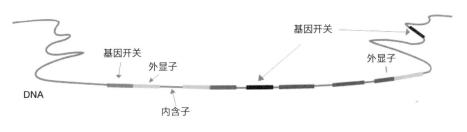

图 15-5　基因组暗物质——基因的开关

基因的开关有多重要呢？之前我们提过，现代智人和尼安德特人最重要的差别，是一个叫作 MEF2A 的基因表达出现了差别。现代智人和尼安德特人的 MEF2A 基因本身并没有差异，唯一的区别是现代智人的基因开关出现了新的演变。现代智人的 MEF2A 基因的开关被调慢了，推迟了基因的表达，造就了现代智人可塑性更强的大脑，正是这个更聪明的大脑让现代智人"统治"了地球。

基因组暗物质里的基因开关才是物种演化的关键。对基因组暗物质的研究极大地拓展了我们认识基因的视野。最新的科学研究让我们明白，基因组里的暗物质是和基因同等重要的存在，认识基因的道路还很长。

基因组里 97% 的暗物质主要有三种作用：

1. 提供了基因演化的缓冲区，让复制过程中产生的突变和重组不容易损坏基因本身。

2. 在环境恶劣的时候，暗物质里的内含子是可以帮助生物体度过艰难时刻的帮手。

3. 人类区别于其他物种的地方在于基因的开关，而非基因本身。基因的开关就藏在基因组暗物质里。

16
基因没有优劣之分

　　我对于自己的基因很好奇，为了进一步了解自己，我特意去买了几个消费型基因检测产品体验了一把，得到了一堆基因标签。其中有几个我非常喜欢，比如"学习能力强，创造力强，不易衰老，基本人畜无害"等，当然也有几个基因标签让我有点不爽，比如"比较脆弱，得精神分裂症的倾向略高，容易焦虑"。这是什么坏基因，还会让我更脆弱、焦虑，还容易得精神分裂症？我可不希望我的孩子遗传到这些基因。

　　如果你遇到这种情况，是不是也会像我这么想呢？我想说的是，这是人之常情，当我们发现自己的命运居然是被一种化学物质安排好的时候，是多么不甘心啊。100多年前，"积极优生学"理论诞生，支持该理论的人希望抹除人类基因组里的坏基因，把好基因传递给后代。这个学说在当时获得了广泛推崇，而提出者是达尔文的表弟——高尔顿（Galton，见图16-1）。

　　高尔顿在读到表哥的巨著《物种起源》以后如获至宝，决心投入人类演化的研究。他调查统计了英国各大达官贵人以及优秀科学家的子女发展情况，以及一些老百姓的子女发展情况，然后进行了统计学上的概率计算，最后得出了两大结论。第一，优秀的人更容易培育出优秀的孩子。高尔顿发现，成功人士的孩子出类拔萃的概率约为 1/12，而普通人的孩子出类拔萃的概率为 1/3 000 ～ 1/2 000。

图 16-1　高尔顿

图片来源：https://en.wikipedia.org/wiki/Francis_Galton。

　　同理，如果父母都是高个子，孩子长成高个子的概率就会高一些，这些听上去都蛮有道理。高尔顿为了搞清楚其中的原委，又去搜集了 80 对双生子的各种资料，并得出了他的第二个结论：双生子不仅长得相似，他们的许多心理学特质也非常相似。当时人们已经知道，双生子可能有着非常相似的遗传物质，而这些遗传物质不仅可以决定我们的长相与身高，还能决定我们的精神世界。不得不说，这第二个发现还是非常超前的，与本书开头提到的基因决定生物体的行为认知能力非常接近。尽管高尔顿在人类遗传学史上做了贡献，但当他希望将自己的研究成果运用到现实世界中时，却导致了无数的人间悲剧。

高尔顿在达尔文的《物种起源》出版 10 年后的 1869 年，出版了自己的论著《遗传的天才》(*Hereditary Genius*)，认为人类的才能是通过遗传获得的。接着，高尔顿的思路开始剑走偏锋，他呼吁，为了让人类种群更优秀，应该鼓励优秀的人相互通婚，这样就可以优化人种。"积极优生学"学说正式形成。在高尔顿去世一年后的 1912 年，第一次世界范围的"优生学"大会召开，"优生学"在短期内声名大噪。

在此之前，《物种起源》已经为人们带来了极大的思想变革。人们逐渐接受了物竞天择的演化思想，认为只有拥有更好的基因才能不被自然选择淘汰。如果是这样，谁不想要好基因呢？对统治者来说，积极改良本国国民的基因，国家才能在激烈的国际竞争中立于不败之地，要是不搞"优生学"，那简直就是对国家不负责，对民族不负责。

于是，在这次国际"优生学"大会上，德国"优生学"学者首先发言，声称德国正在筹备"种族优生"计划。而这时纳粹还没上台。美国"优生学"学者接着发言说，德国的计划真是小打小闹，美国正准备开展工业化的优生运动，建立国民健康档案，全面控制有出生缺陷的婴儿。而那些具有严重身体障碍，无法对社会有所贡献的残障人士应该接受绝育，以避免浪费社会资源……

看到这里，我相信你已经不寒而栗了。幸运的是，人类历史上这段黑暗的"积极优生学"运动已经离我们远去，但是问题依然存在。我们应该如何看待与生俱来的基因呢？能不能主动选择，把更好的基因留给后代呢？现在，我们就来看看人类最后一个维度的觉醒——看待基因的态度。

从社会学看基因的优劣

如果想主动选择，消灭坏基因，传递好基因，我们就得先回答一个问题：什么是好基因，什么是坏基因？"积极优生学"认为，社会成就可以作为评判一个人基因好坏的标准。高尔顿提出，成功人士的基因才是好基因，看上去，成功人士好像更容易培养出优秀的下一代。但事实上，优秀的下一代并不是由基因单因素决定的。成功人士会给孩子提供更好的教育，让孩子上更好的学校，搭建更好的人脉，这些都可以帮助孩子成才。

成功人士的基因是不是真的更好一些？在前文中我们提到过，基因决定流体智力，也就是先天的部分。而流体智力在人群中是呈正态分布的，大部分人都差不多。除了流体智力，通过积累社会经验和后天学习养成的晶体智力也很重要。成功人士的基因不一定更好，成功和基因好坏关系不大。

退一万步讲，即使真的鼓励社会名流及成功人士通婚生子，是否会使所谓优秀人种的比例增多？我认为结果恰恰是相反的。有一种遗传病叫血友病，又名欧洲皇族病。患血友病的人因为天生缺乏一种凝血因子基因，血液的凝固功能被破坏了，一旦出血很难止住，严重威胁病人生命。这种病被称为欧洲皇族病的原因是，生活在19世纪中叶的英国维多利亚女王就是血友病患者，而欧洲皇室偏偏以能迎娶当时的全球霸主英国女王的子女为荣，就这样，维多利亚女王把血友病的基因突变传给了子子孙孙，遍布欧洲各大皇族。全球霸主国家的君主以及子女可谓是成功人士的巅峰了吧，可谁能想到他们传给子女的基因里却有致病的基因突变呢？这个例子告诉我们，基因面前人人平等。成功人士的基因里也有许许多多的突变，从基因的角度上说，"人无完人"是真理。

"晶体管之父"威廉·肖克利是 1956 年诺贝尔物理学奖的获得者。从肖克利创立的公司里出走的"硅谷八叛徒"创造了半导体产业和集成电路产业。与这些耳熟能详的故事形成鲜明对比的是，这位硅谷的间接缔造者还是一个非常狂热激进的"优生学"支持者。肖克利的一些种族主义偏见在此不做过多叙述，值得一提的是，20 世纪确实有一些"优生学"的支持者认为需要保留所谓诺贝尔奖得主以及其他一些成功人士的基因，因此建立了所谓"天才精子库"，肖克利就是其中一位捐赠精子的诺贝尔奖获得者。此天才精子库累计产生了 200 多位携带着诺贝尔奖获得者基因的婴儿。可以确定的是，这些婴儿长大成人后的成就完全无法和他们的父辈相比，这个天才精子库最后草草关闭，沦为笑柄。

从这些陈年往事中我们可以看到，成就一番事业需要诸多因素配合，基因赋予的能力只是其中一环而已。而且对于多元化的现代社会来说，这其中还有一个问题是我们对于成功的定义。每个人心中判定一个人是否成功的标准都不同。有些人认为实现财富自由是成功，有人认为当教授做学问是成功，有人认为做慈善帮助更多的人是成功，还有人认为自由自在、周游世界才是成功。我们不仅无法定义成功，也无法定义美貌。唐朝时人们皆以胖为美，而缅甸有个民族以长脖为美，那里的人们还会用钢圈把脖子给硬生生拉长。在不同时代、不同地区，人们对于某一事物的判断标准完全不同。如果说漂亮就是好基因，那不同年代、不同地区的好基因还真不一样呢。

我们根本没办法根据公认的客观标准来区别好基因和坏基因。

生物学上基因有无优劣之分

社会标准不好用，我们再来看看生物学标准。在生物学上，判定什么是坏基因的标准好像很明显——让我们得病的基因那肯定是坏的吧？还真不一定。

举例来说，镰刀形细胞贫血症的病因是一个血红素基因发生突变，无法产生正常的血红蛋白，而血红蛋白是血细胞里携带氧气的生力军。镰刀形细胞贫血症表现为红细胞携带氧气能力下降，导致患者贫血，严重损害健康。但这个基因突变在非洲却成了优点。非洲热带地区疟疾横行，发生了突变的红细胞形态异常，反而不容易被疟原虫感染。在没有抗疟疾药的时代，镰刀形细胞贫血症反而成了救命的稻草。

由此引见，即使看上去有明显缺陷的基因，其性质好坏也是相对的。现在看上去有损健康的基因突变，也许在某个历史时刻、某个地区，就能赋予我们生存下去的优势。大自然的演化总还是有道理的。在没有完全理解基因演化的原因之前，盲目地人为改变基因演化的步伐，其后果可能是人类无法承担的。

基因缺陷的解决方案——科学的"优生学"

既然用社会学标准、生物学标准都判断不出哪些是好基因，哪些是坏基因，那我们希望通过主动选择把好基因遗传给下一代就是一个伪命题了。

难道说我们只能被动地接受基因造成的破坏吗？镰刀形细胞贫血症患者在非洲可以远离疟疾，但是这个基因突变对生活在亚洲和美洲的镰刀形细胞贫血症患者而言，可是一点儿好处也没有。况且现在我们还有了对抗疟疾的药物，这个基因突变带给患者的只剩下伤痛了。在当下的社会，我们应该如何正确看待基因呢？经过多年的研究和总结经验教训，目前科学界和医学界达成的共识有两点。

第一，不要随意修改遗传给下一代的基因。比如修改生殖细胞里的基因就需要非常慎重，因为我们对下一代进行的所有基因修改都是永久性的，万一出错，谁都无法承担这个后果。

第二，对那些会导致严重遗传疾病的基因，出于人道主义的目的，我们要采取人为干预，积极治疗，而且我们应该尽力避免把这些基因遗传给下一代。

关于达成第一个共识的原因，这里先卖个关子，放到本书第四部分再详细讨论。而第二个共识现在已经普遍被大家所接受。对于一些严重的遗传疾病，可以采取科学的方法进行人为干预，开展产前基因检测，如果发现胎儿确定携带基因突变，出生后会患病，医生可以建议母亲终止妊娠。

那么，哪些严重的遗传病需要做这种人为干预呢？每个国家对此都有不同的规定。我想举一个典型的例子——唐氏综合征。唐氏综合征是一种由于基因发生突变而导致的遗传疾病，患儿多具有严重的智力障碍，目前没有有效的治疗方法。这种基因突变很严重，因为发生突变的不只是一个基因，而是一整条染色体。

人类基因组中的 30 亿个碱基对并不是一个超级长的 DNA 分子，而是被分成了 23 段，每个片段都由蛋白质材料包裹。当科学家看到细胞核的时候，他们看到的是 23 个 DNA 包裹，因为包裹的蛋白质能被化学染料染色，所以这 23 个包裹又被命名为染色体。人类的两万多个基因就这样被分到了 23 个染色体上。

唐氏综合征的病因是在细胞复制的时候，第 21 号染色体莫名其妙被多复制了一份，所以 21 号染色体上面所有的基因都多了一份。这可不是什么好事，这样会导致 21 号染色体上的基因产生的蛋白质过多（见图 16-2）。对于大脑发育来说，基因生产的蛋白质数量至关重要，既不能少也不能多，而过多的蛋白质会严重影响大脑发育，导致患儿智力低下。

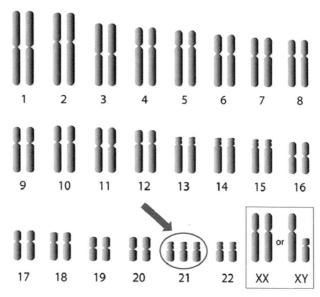

图 16-2　唐氏综合征的致病原因

唐氏综合征的发病率与母亲的生育年龄密切相关，25 岁的孕妇生下唐氏患儿的概率为 1/1 300，35 岁孕妇生下唐氏患儿的概率为 1/300。而对于所有人来说，机会是均等的。我国目前建议每一个孕妇都要做胎儿的唐氏综合征产前基因检测，看胎儿的 21 号染色体是否异常。传统检测方法需要做羊水穿刺，也就是用一根细细的针吸取出子宫里的羊水。由于羊水中含有少量孩子的细胞，科学家依据这些细胞判断孩子的 21 号染色体是否正常。但是这种检测方式具有创伤性，会给孕妇带来风险，甚至可能导致流产。

有没有更安全的检测方法呢？香港中文大学的卢煜明教授（见图 16-3）发明了无创产前基因检测（NIPT）。这个新方法的工作原理是这样的：人类的血液里有许多破碎的 DNA 片段，是体内的细胞在自我更新后释放出来的基因组碎片，这种碎片不会一直存在，大概会在血液里存在 48 小时，然后就会被血液里的细胞消化分解，将原料回收利用。卢煜明教授早年学医，一直对婴儿出生后的先天性遗传疾病诊断非常感兴趣，他一直在思考有没有比羊水穿刺更安全的基因检测方法。20世纪90年代，对基因的研究每天都有新鲜结果出炉，但是"人类基因组计划"尚未完成，当时的科学家对整个基因组还缺乏整体的认识。而获得1993年诺贝尔化学奖的科学家穆利斯（Mullis）博士创造了一项新技术，为基因研究带来了曙光。

图 16-3　卢煜明教授

图片来源：卢煜明教授赠予。

1993年的诺贝尔化学奖颁给了两位科学家，其中穆利斯博士的获奖原因是他发明的聚合酶链式反应。这个聚合酶链式反应的原理是用一种抗高温的蛋白酶反复复制一段DNA，这样就可以在短时间内对含量非常低的基因片段进行扩增，然后开展研究。掌握了聚合酶链式反应实验方法的卢煜明想，孕妇的血液里有没有宝宝释放出来的基因组碎片呢？他一开始提出这个想法的时候，科学界同行都将其视为天方夜谭。

卢煜明一边行医，一边坚持在实验室进行科学研究。经历了多年的努力，加之基因测序技术的进步，卢教授终于发现孕妇血液中确实有孩子的 DNA。这样的话，不用进行羊水穿刺，我们只需要收集几毫升孕妇的血液就能检测孩子的 21 号染色体是否正常了！这种革命性的方法被称为无创产前基因检测。有了这种方法，孕妇就可以在孕期的 3～6 个月进行基因检测。如果发现 21 号染色体异常，医生就会建议孕妇终止妊娠，不把患有严重疾病的孩子带到世界上来。目前我国的许多医院里都可以用无创产前基因检测的方法开展唐氏综合征的早筛，降低了羊水穿刺给孕妇带来的可能风险。

事实上，孕妇血液里的胎儿基因只占很少的一部分，在孕妇血液里检测胎儿的基因需要相当的灵敏性。唐氏综合征的产前基因诊断之所以非常准确，是因为 21 号染色体相对单个基因而言比较大，只要在孕妇的血液里检测到 21 号染色体的一部分信号就可以判断胎儿体内的 21 号染色体究竟是正常的两个，还是异常的三个。但是如果我们想运用无创产前基因检测方法来看胎儿基因组里某个位置的基因信息，就没有那么容易了。鉴于第二代基因测序技术的飞速发展，无创产前基因检测已经被应用在包括唐氏综合征的多种遗传疾病的产前诊断中。基因科学的进步让以前的不可能变为可能，这些基础科学研究的成果成了惠及千家万户的重要诊疗方法。

与前面的"积极优生学"相比，我认为这个态度是"科学优生学"。当然，这只是基因科技提供的一个解决方案，对人类社会来说，具体要不要实施，还要需要考虑伦理以及宗教方面的因素。经过历史的洗礼，人类对基因的态度已经逐渐改变。我们不再妄想通过搞"种族优生计划"来优化人类基因，而是更理性地认识到，我们能做的是出于人道主义考虑，避免把严重影响人体健康的基因传给下一代。

人类对基因认知的觉醒主要体现在三个方面：

1. 第一，方法的觉醒。"人类基因组计划"给我们带来了全新的研究武器。

2. 第二，视野的觉醒。我们知道了只研究基因不够，要关注整个基因组，尤其是 DNA 暗物质。

3. 第三，态度的觉醒。我们从狂妄中醒来，意识到应该如何理性看待基因。

17
矫枉过正的"基因无用论"

在真实的人类历史上，觉醒的过程是充满了坎坷和苦楚的。在从"基因决定论"和"积极优生学"的噩梦中醒来之后，整个人类社会曾经因为矫枉过正而走入了另外一个误区——"基因无用论"。

第二次世界大战时，"积极优生学"在纳粹德国的助推下走向了邪恶的深渊。除了世人皆知的犹太集中营之外，纳粹德国还对具有先天出生缺陷或者发育迟滞的婴幼儿采取了极不人道的消极治疗做法，任其夭折。这种"积极优生学"已经突破了人伦天道的底线，被永远刻在了人类历史的耻辱柱上。经历了对基因的狂热追捧，第二次世界大战后的人类社会渐渐冷静下来。纳粹德国对待有出生缺陷的婴儿的暴行仍历历在目，我们是人，不是可以轻易放弃羸弱同伴的野兽。

第二次世界大战以后，受"积极优生学"所累，"基因"这个词简直变成了一个禁忌。虽然"积极优生学"被扫进了历史的垃圾堆，再也不是社会思想的主流，但是问题仍然存在——困扰人类健康的疾病是否是由于基因突变导致的呢？

现在我们已经知道，基因突变是许多疾病的起源，比如癌症。而人类社会接受基因突变导致疾病的观点，确实经历了一个漫长的过程。如果承认基因突变可以导致疾病，那就意味着，每个人都生而不同，由于基因的差异，有些人可能更容易患某些疾病。这与启蒙运动以来被人们普遍接受的"人人生而平等"的主流观点产生了矛盾。人类社会修正这些认知花了数十年的时间。接下来，我们就来从一种脑疾病的发现历史切入，来看看人类社会关于基因突变导致疾病的观点是怎样一步步演变的。

自闭症是先天还是后天的

1943 年，美国约翰·霍普金斯大学医学院精神科的里奥·坎纳（Leo Kanner）医生遇到了一些奇怪的小病人。这些孩子有着相似的症状，时常会做出一些重复性的刻板行为，不与其他人对视，也不与其他人交流沟通，语言模式也非常古怪。坎纳医生查遍了医学文献也找不到这类疾病的记载，孩子们的表现与精神疾病非常相似，但又与典型的精神分裂等疾病不同。于是，坎纳医生将这个疾病单独分类为"早期婴儿自闭症"，"早期婴儿"的意思是指在 2～3 岁的婴幼儿身上发现的疾病征兆。医生对这个疾病的病因感到疑惑，但在继续探索之前，我们需要了解一下当时的人们对于精神疾病的看法。

20 世纪 40 年代，整个西方医学对于精神疾病的研究还停留在心理治疗与精神分析的范畴。对于严重的精神疾病，比如精神分裂症，虽然观察到这种病症明显具有遗传性，比如父母或亲属患有精神分裂症，则后代患此病的概率就会大大增加，但是出于对基因决定论的恐惧，医学界普遍不认为精神分裂症与基因有关，甚至提出了一个专门理论 "Schizophrenogenic Mother"，中文可以译为"导致精神分裂的母亲"。支持该理论的人认为，孩子有精神分裂症，是由母亲的过度保护和过度排斥等错误行为导致的。

可以想见，在这种情况下坎纳医生会如何看待自闭症的病因，而且坎纳医生自己就是在 20 世纪 20 年代从德国移民到美国的犹太人。因此，在对自闭症的病因归纳上，坎纳医生跟随当时医学界的主流，认为导致婴幼儿自闭症的病因是后天的，是母亲疏于管教，给予孩子的爱不够导致孩子患上了自闭症。那时还诞生了一个名词——"冰箱母亲"，用于形容那些没有给孩子足够的爱、冷冰冰的母亲。"冰箱母亲"的观点影响了整个医学界 20 多年，以至于在 1969 年，美国著名歌星猫王——埃尔维斯·普雷斯利在一部电影里出演一位帅气的医生，当他发现一个可爱的小女孩患有自闭症时断定她是缺乏爱，于是马上给了她一个猫王的爱心抱抱，还和护士一起陪她玩耍，这种突如其来的关爱居然马上就让这位小朋友走出了自闭症的怪圈，开始与人交流。这部电影其实是第一部出现自闭症病人形象的电影，但是可惜这种爱的抱抱的方法不可能如此轻易治愈自闭症。

20 世纪 60 年代，英国和美国的自闭症家长自发组成了家长协会，收集证据强烈批驳"冰箱母亲"的说法，他们对孩子根本不是如冰箱一般冰冷，怎么能说是因为父母给予的爱不够呢？坎纳后来也在全美自闭症大会上发言，承认自闭症的病因在于遗传，而不是父母教养，给无数自闭症患儿的父母洗清了冤屈。

既然坎纳医生说自闭症是先天的，那意思就是与基因有关了？

1977 年，英国研究者得到了一些重要证据。他们收集了 21 对双生子的数据，其中包括同卵双胞胎和异卵双胞胎。同卵的意思是一个受精卵在很偶然的机会下分裂成两个细胞，而这两个细胞各自发育成了一个个体。因为这两个个体从同一个受精卵分裂而来，所以携带的遗传物质一模一样。而异卵双胞胎指碰巧有两个受精卵同时进入子宫发育成双胞胎，异卵双胞胎之间的基因差别其实跟兄弟姐妹是差不多的。在 1977 年，科学家已经能从基因方面判断一对双胞胎究竟是同卵还是异卵的了。

研究者发现，如果同卵双生子中的一个患有自闭症，那另外一个患有自闭症的概率高达 80% 以上。而且，这种自闭症的患病率会随着亲缘关系的逐渐疏远而降低。如果兄弟姐妹中有一个患有自闭症的话，另外一个也患有自闭症的概率会低于同卵双胞胎，但是高于没有亲缘关系的人群。这个研究用医学遗传学的方法证明了导致自闭症的是基因，而不是其他莫名其妙的原因。但是问题还没完，如果自闭症的病因是基因，那么具体是什么基因呢？20 世纪六七十年代，尽管 DNA 的化学结构已经被科学家发现，对基因进行测序的技术也出现了，但是人类基因组就像茫茫原始森林，到哪儿去寻找导致自闭症的基因呢？

基因组测序技术

我们先来看看科学家是如何寻找与疾病有关的基因的。在"人类基因组计划"完成之前，科学家们对人类基因组的全貌是不知道的，只有通过以前各种研究在基因组上留下的各种标记进行摸索。而这些标记就好像散落在基因组森林里面的路标，大多是随机分布的。科学家寻找致病基因的过程是这样的，首先要搜集到患某种疾病的病人，数量要足够多，然后将他们与另外一群没有患病的人进行比较，看看病人的基因是否在某些路标附近会出现有差异的信号，比如说某个路标在健康人群中的信号与患病人群的信号出现了明显不同，则这个路标很有可能就在导致疾病的基因附近。最后，科学家们会再把这个路标附近的基因组片段拎出来，仔细分析。可以看到，这真是一个费时费力的浩瀚工程。

从"人类基因组计划"完成，以及新一代基因组测序技术诞生以后，我们寻找致病基因就有了新的利器——"全基因组测序"和"全外显子测序"。所谓全基因组测序，就是对整个人类基因组进行测序，原理就是前文中提到过的"霰弹枪测序法"。

"全外显子测序"，顾名思义，就是只检测编码蛋白质的外显子部分。外显子就是编码蛋白质的基因。疾病的起因大多是由于编码蛋白质的基因发生了突变，只对外显子进行测序可以在花费较少的情况下获得最重要的信息。那么如何用这些测序方法来寻找导致自闭症的基因呢？

寻找自闭症基因

面对一个自闭症患儿，我们如果想知道孩子的哪个基因发生突变导致了自闭症，就要同时采集他父母的基因组样本，进行全基因组或全外显子测序。为什么要采集父母的信息呢？将孩子的基因组信息与标准基因组比较一下不就知道什么基因发生突变了吗？就像我之前所说，根本没有谁的基因组是完美的，因此不存在所谓的"标准基因组"。当初被"人类基因组计划"选定的那个人的基因就一定是标准的吗？他的体内会不会携带有可能致病但是没有发病的基因突变？当然有可能。因此，"人类基因组计划"选定测序的那个人的基因组信息又被称作"参考基因组"，我们无法据此判断某种基因差异是否会导致疾病。

收集自闭症患者的父母的基因组，是因为孩子的一半基因遗传自父亲，一半基因遗传自母亲，而父母亲没有患病，因此，孩子从父母亲身上继承来的那些与参考基因组不同的基因差异，就不会是自闭症的病因，而只是差异而已。这些差异究竟有多少呢？换句话说，每个人的基因组与参考基因组相差多少呢？这里我们谈论的是编码蛋白质的基因，而科学家目前发现的有几万个碱基对以上。虽然我们都是人，但是个体与个体的基因显然是不同的，进而形成了人与人之间的一部分差异（当然，在不编码蛋白质的基因中还有许许多多的差异）。对于这些基因突变造成的具体影响，以及怎样寻找致病基因，我将在第四部分详细讲解。

科学家们通过这些最新的基因测序方法，在过去的 5 ～ 10 年中已经找到了许多导致自闭症的基因。当然这些方法也被用来寻找导致其他疾病的基因。进入 21 世纪，我们终于可以用最新的技术彻底点亮基因森林，搜寻每一个角落，寻找致病基因了。人类社会历经 20 世纪近 100 年的波折，从一开始盲目崇拜基因的"积极优生学"，到避讳基因的"基因无用论"，一切终于柳暗花明，实现了与基因的和解。当下，我们承认基因造成的差异性，承认先天的基因缺陷可以导致疾病，甚至承认每一个人都有可能因为基因突变而罹患癌症。之所以有勇气承认这些不足与缺陷，是因为站在 21 世纪的人类拥有了修改基因、编辑基因的能力。人类作为第一个拥有修改基因的能力的物种，开启了反叛的历程。

章后小结

1. 人类对于基因突变导致疾病的观点是随着对基因的认识一步步演进的。20 世纪 40 年代，人们普遍认为精神疾病与家庭养育相关。

2. 基因组测序技术的发展让科学家们找到了研究自闭症的方法，在过去的 5 ～ 10 年中，科学家已经找到了许多导致自闭症的原因。

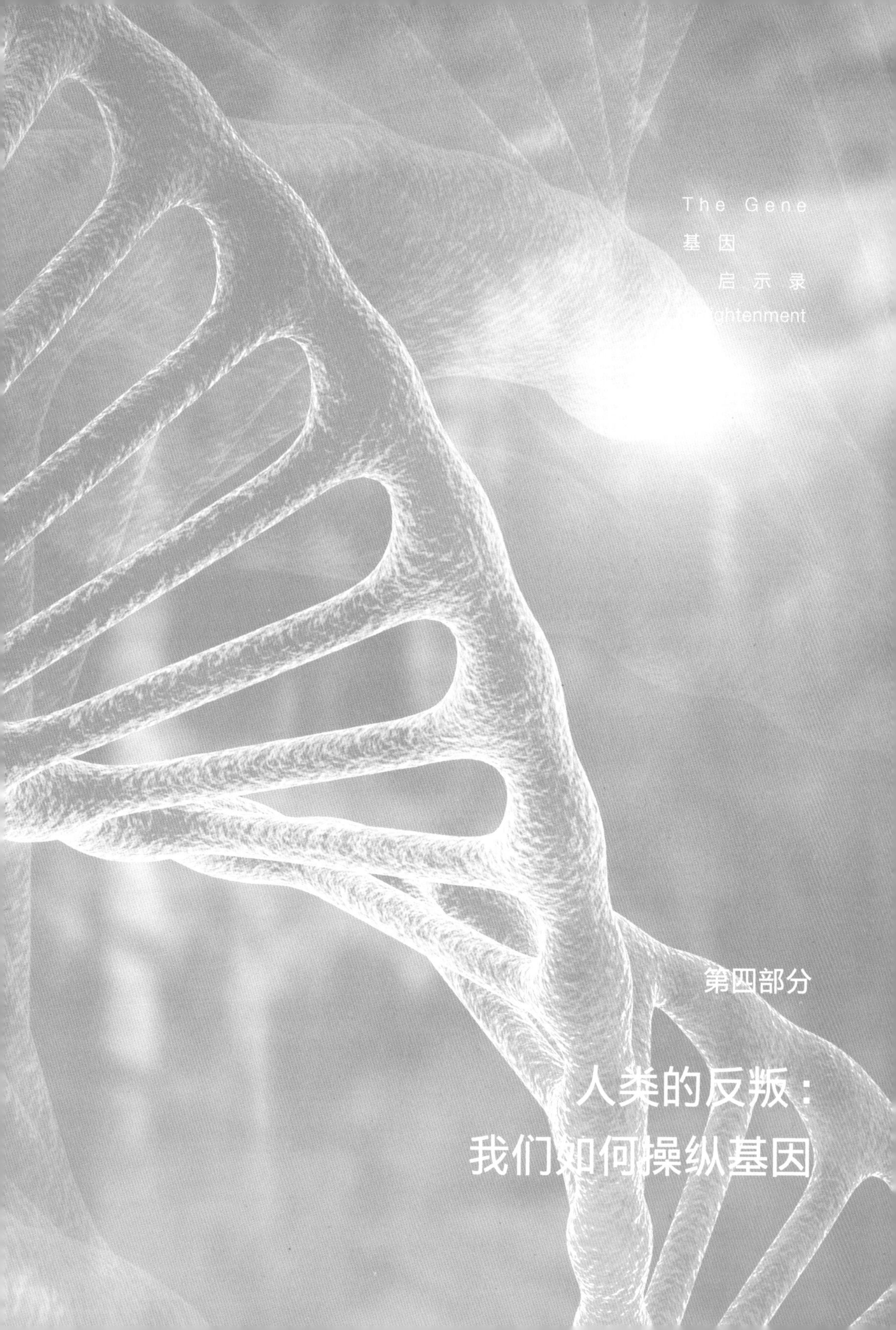

第四部分

人类的反叛：
我们如何操纵基因

18
基因工程引发的风波

面对基因，人类终于觉醒了。从此，人类不再是生命的旁观者，不再完全服从于基因对我们的设定，也不再满意于基因写好的人生剧本。我们希望操纵基因，自由"创作"，自此基因进入了人类文明的新篇章中。

在社会学家与生物学家还在喋喋不休地争论基因是否有优劣，以及究竟是基因还是环境决定了我们的宿命的时候，研究基因的生物学家已经在不经意间打开了通往新世界的大门。人类就像处在青春期的少年，开始了叛逆的历程。这个叛逆的第一步，就是人类掌握了操纵基因的本领。未来总是未知的，不管怎么样，从此以后的生命剧本都是全新的了。我们身处一场革命的开端，这场革命跟每个人都密切相关。希望你不仅仅是一个旁观者，也可以近距离看清这场改变人类社会的革命中究竟发生了什么。

后信息时代的革命

操纵基因对人类社会究竟意味着什么？我觉得不仅仅是改造动植物的基因那么简单。从农业时代到工业时代，人类社会对于能量和物质非常渴求，而这两者也一直是社会发展的限制因素。在长达数千年的发展过程中，人类的反叛表现为不满足于靠天吃饭的狩猎采集生活方式，而是采用各种方法获得尽可能多的能量。不管是靠牲畜提供能量，还是靠蒸汽与电力提供能量，底层逻辑都是为了获取更多的能量，生产更多的物品供人类使用。一直到20世纪，在全世界大部分国家都逐渐进入工业社会以后，人类社会熟练地使用化石能源生产出了巨大的物质财富，推进到信息时代。

在信息时代，能量和物质已经不再是社会发展的限制性因素。你会发现，媒体上反复出现的名词是产能过剩。电子商品越来越便宜，吃饱穿暖已经是比较容易实现的目标。对整个人类社会来说，正是在能量和物质供应充足的前提下，才会出现信息科技带来的虚拟经济繁荣。吃饱穿暖的人们愿意每天花很多时间待在由手机连接起来的虚拟空间里。这个时候，通信就成了限制因素。在信息时代，人类再一次反叛了自己的宿命，一次又一次突破极限，使得信息在全球范围内实现了自由流动。

那后信息时代呢？我认为，这个时代最大的限制不是别的，正是每个人身上的基因。对人类而言，地球上最重要的信息库并不是构成虚拟空间的计算机代码，而是我们的基因组。基因关系到个人的能力、性格及健康。当你已经丰衣足食，除了追求家庭幸福、事业成功，自己和家人的健康不就成了最重要的目标吗？

100年前，人类社会的最大威胁是细菌和病毒引起的传染性疾病，在找到抗生素、发明疫苗以后，这些疾病已经完全被控制住。现在，因基因缺陷导致的疾病成了人类最大的威胁。

我认为，在后信息时代的物质丰裕之时，人类社会前进的最大限制就是基因。要想突破这个限制因素，只认识基因还不够，知道了基因怎样决定人体的四维展开也还不够。我们还需要操纵基因，主动改造生命。基因是生物界积累了几十亿年的信息库。现在，人类是第一个有能力动手修改基因的物种，这是人类对自身宿命的终极反叛。

人类对基因的反叛有两个主战场。第一个主战场是通过操纵基因，增强生产力。这个战场上的基因操纵技术已经成了人类社会的重要技术力量之一，又被称作基因工程。基因工程有两个主要的应用场景，一个是让其他生物为我们生产蛋白质药物，另一个是改变动植物的性状，为人类生产更多、更好的食物。第二个主战场是治愈疾病。人类大部分的疾病都是由先天或后天的基因突变引起的。我们希望操纵基因的一个重要原因，就是修复自身的基因缺陷，保持健康。

2012 年，人类获得了一个可以准确改造基因的利器——基因编辑技术。基因编辑技术已经以及还将怎样改变人类社会，也是这一部分讨论的主题之一。尽管基因工程已经成了现代人类生活必不可少的一部分，但是就在短短半个世纪之前，站在新世界大门口的人类却充满了迟疑与担心，这是为什么呢？

加州阿西罗马会议

1975 年 2 月，美国加州阿西罗马（Asilomar）会议中心召开了一次由科学家主持的新技术研讨会，同时邀请了媒体记者、律师与医生参加。什么新技术会同时引起记者、律师和医生的兴趣呢？重组 DNA 技术。为什么重组 DNA 技术需要科学家们与其他社会人士一起来探讨如何运用呢？因为再不探讨，世界各国政府就要禁止这项新技术了！这个引发全世界恐慌的重组 DNA 技术究竟是怎么回事？实际上，重组 DNA 技术是人类掌握的第一个操纵基因的方法。

科学家在 20 世纪 70 年代发明了重组 DNA 技术，而这项技术里最关键的武器——切割 DNA 的神刀，其实是细菌用来反抗天敌的武器，并非由人类智慧设计而来。更有趣的是，2012 年，科学家们又发现了一种细菌用来反抗天敌的高级工具，再次触碰到了新世界的大门，开启了基因编辑时代。我们经常感叹，人类的智慧与大自然相比简直不值一提，只是找到一个小小的细菌武器都可以让人类社会发生翻天覆地的变化，深究下去，生命里还有多少秘密是我们无法知晓的？

这个能切割 DNA 的神刀究竟是什么呢？ 20 世纪 60 年代，科学家们发现细菌里有许多可以切割 DNA 的蛋白质，这些有切割活性的蛋白质被称为 DNA 切割酶。DNA 切割酶是细菌用来对抗噬菌体的武器，而噬菌体是专门感染细菌的病毒，噬菌体会将自己的基因注入宿主细菌，将细菌吃掉，用来繁殖更多的噬菌体。每当噬菌体入侵的时候，细菌体内的 DNA 切割酶就会像城墙上的炮台一样开炮，将入侵的噬菌体基因打碎。这些大炮虽然厉害，但是没有准星。因为这些 DNA 切割酶并不选择切割的位点，而是像霰弹枪，把入侵者的 DNA 轰成了碎片。如果我们想在某个特定位置来切割 DNA 的话，这些酶是没有用的。

1970 年，科学家在流感嗜血杆菌中找到了第一个具有准星的 DNA 切割酶。有了这个准星，DNA 切割酶只会识别 DNA 长片段中的某一个特定的排列组合位点，比如说"GAATTC"。当我们将这个 DNA 切割酶与 DNA 分子混合，如果这段 DNA 中含有这个排列组合 GAATTC，立马就会被切割。

人类在发现 DNA 结构近 20 年后，终于找到了一个可以准确切割 DNA 的蛋白质。那么 DNA 被切开以后呢？细菌当然不会关心这个问题，在细菌中，只要噬菌体的基因被切碎就行了，接下来这些 DNA 碎片都会被清扫进细菌回收站。但是人类切割 DNA 并不是为了把它们扫进垃圾站。

重组 DNA 三剑客

1973 年，三位在美国旧金山的科学家做了一个以他们的名字命名的著名实验，史称"科恩 – 博伊尔 – 伯格"实验（Cohen-Boyer-Berg）。他们的想法并不复杂，只是想知道 DNA 被切割酶切断后能否拼接起来。他们先将两段不同的 DNA 片段都用同一个酶切开，这样的话两个 DNA 片段的切口就应该是相互吻合的。三位科学家将两段被切开的 DNA 片段混合，结果发现，这两个不同的 DNA 片段确实能天衣无缝地重新组合起来，形成一段新的 DNA 分子（见图 18-1）。

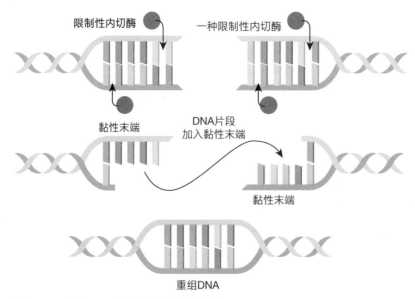

图 18-1 重组 DNA 技术实施过程示意图

这个将 DNA 重新组合的技术被称为"重组 DNA"。1973 年的这个实验吹响了重组 DNA 与生物技术革命的号角。有了这种 DNA 切割酶,我们就可以把基因像乐高积木那样随意拼接了!三位著名科学家中的博伊尔教授以此为基础开创了生物技术巨头基因泰克(Genentech)公司,其中趣事,我们将在下一章详细讲述。

　　科学家们的狂喜很快引发了社会关注。什么?有人要修改人类的遗传物质,这不是造反吗? 1973 年距离第二次世界大战结束也才 20 多年,这代人还没有忘记被核武器瞬间摧毁的广岛和长崎。研制原子弹的那些物理学家们的内疚还没有散去,人类怎么又造出一个超级武器,上次是战争神器,这次是挑战大自然?远的不说,如果重组 DNA 技术被用于将诱发癌症的基因导入正常人体怎么办?或者从致病细菌中分离出的基因流进了下水道怎么办?会不会导致环境中的生物生病?毫不夸张地说,当时美国乃至全世界人对于重组 DNA 技术的恐惧不亚于核武器。面对公众日益加剧的焦虑,有些国家甚至开始禁止科学家开展重组 DNA 实验。

　　1975 年 2 月,科学家们勇敢地站了出来,重组 DNA 技术的先锋之一伯格教授在美国加州阿西罗马会议中心组织召开了这次重要的学术会议,专门讨论如何规范使用重组 DNA 技术。在这次会议上,科学家们与律师、医生和记者们一起制定了一些需要共同遵守的准则,包括不允许对致病基因进行操作,以及对人类基因进行操作需要遵守严格的安全规范。

　　这次会议的召开对于科学家们而言其实是很郁闷的事情。手头的工作突然被迫停下来,还要由一帮外行人士来讨论科学探索应不应该继续,对于自由的科学精神可谓是极大的侮辱。然而,我们必须看到的是,科学家也不是置身于世外桃源的,他们大多在借助政府的资金支持从事科学研究。说白了,是纳税人的钱资助了他们的工作,现在纳税人担心他们的研究活动可能危害公共安全,作为科学共同体的成员,面对公众的顾虑,科学家理应有义务将最前沿的科学技术解释给大众听。

如果说 1975 年召开的阿西罗马会议是科学界津津乐道的一次关于科学家勇于承担的会议,那么 1976—1977 年在美国马萨诸塞州坎布里奇市召开的听证会便是社会大众与科学界的激烈交锋了。

坎布里奇市政会议

1976 年夏天,在美国马萨诸塞州波士顿市西北方向的小城坎布里奇——著名的哈佛大学与麻省理工学院所在地,一场前无古人、后无来者的听证会召开了。坎布里奇城市委员会因为风闻这两所著名大学即将开展重组 DNA 实验,包括市长在内的许多社会活动家纷纷表示极度担忧,马上要召集两校著名的科学家举行听证会。市长表示,如果城市委员会不允许,科学家就不能在哈佛大学和麻省理工学院开展重组 DNA 实验。科学家听说这个消息的时候非常震惊:什么时候科学实验能否进行居然要外行来批准了?但是"县官不如现管",学校也不能马上搬家,于是这些世界一流的科学家只好老老实实坐在坎布里奇市的市政厅里,回答一群政客的提问,试图把最前沿的生物技术——重组 DNA 解释给他们听,并劝说他们不要禁止重组 DNA 实验。

在麻省理工学院的档案库中,人们仍然可以看到这些珍贵的会议视频以及文字资料。[31] 不得不说,当时这些世界一流科学家对那些政客们所做的科普工作并不成功。一位社会活动家发言说:"我并不关心你们说的这些基因操作会不会导致人类或牲畜生病。我只是认为,科学家从事何种科研活动不能够只由科学家自己说了算!"

这段发言想必会让当时的科学家们听了很不受用,不是科学家说了算,难道应该由不懂科学的人说了算?要不是科学家发现了青霉素、X 光机等先进的药物和医疗设备,大家能这么愉快地聊天吗?现在大家生活环境变好了,也更健康了，居然就想限制起科学探索的自由了？

但是我们仔细想想，科学研究真的可以没有限制吗？当技术不再是障碍，科学家们真的可以为所欲为吗？目前基因编辑技术已经可以完美地操纵受精卵中的基因，不仅是修复可能导致疾病的基因突变，也有可能制造出基因增强版的人类。我们还可以用基因编辑技术来让某一物种携带它们原本没有的基因驱动模块，让某些基因迅速扩散到一个物种中去，让物种携带表达人类意愿的基因，而非大自然选择的基因。我们可以让蚊子不再吸血，甚至使蚊子这个物种灭绝，因为蚊子携带的疟原虫引发的疟疾杀死的人数比任何战争都多，但是我们真的可以这样凭人类的意愿来改造其他物种吗？

1977 年 2 月，在经历了漫长的 8 个月听证会后，虽然百般不情愿，但剑桥市政厅的政客们最终没有禁止哈佛大学与麻省理工学院的教授们开展重组DNA 实验，因为当时全世界都在做重组 DNA 实验，如果真禁止了只会闹大笑话。事实上，当时的美国与欧洲诸国都非常害怕重组 DNA 技术，纷纷规定从人类细胞中分离基因，必须在最严格的生物安全条件下操作，其实就是在研究核武器的那种军事基地里才能进行实验。在今天，同样的分子生物学实验，大家在家里都可以进行。当然啦，这种严格的规定也不能说完全没道理，在不明确从人类细胞中分离出基因是否会带来危害时，还是小心一点儿为好。

这次在阿西罗马召开的会议也因为记载了人类科学共同体规范重组 DNA技术的使用而载入史册。每次面临着新技术的"潜在威胁"的时候，科学共同体与社会学学者们总是会回到阿西罗马，探讨如何联手应对未来。最近人类面临的新技术威胁是什么呢？人工智能。2017 年 1 月，阿西罗马召开了探讨人工智能如何影响人类未来的会议。面对未知的未来，恐惧和回避永远不是解决之道。我们唯一的出路是让科学共同体与社会各界携起手来，用科学的准则与社会公认的伦理标准来画出科学的边界。

1. 操纵基因对人类而言不仅是改造动植物的基因那么简单，在信息时代，人类面对的最大的限制是基因。地球上最重要的信息库并不是计算机代码，而是人类的基因组。

2. 人类对基因的反叛有两个主战场，一个是增强生产力，一个是治愈疾病。

3. 在生产力应用方面的基因操纵已经成了人类社会的重要技术力量之一，又被称作基因工程。基因工程的应用场景主要包括让其他生物为人类生产蛋白质药物，以及改变动植物的性状，为人类生产更多、更好的食物。

19

基因工程：
全新生产力

　　1973 年，作为基因工程的技术储备，重组 DNA 技术诞生了。基因工程，顾名思义，就是把基因作为可操作的工程元件，从一个生物体里拿出来，装到另外一个生物体里去。这个操作的目的是生产基因编码的蛋白质。为什么这项技术这么晚才出现？因为蛋白质都是由基因编码的，在能够操纵基因之前，人类只能从动植物里获得天然的蛋白质，不能随心所欲地生产蛋白质。为什么需要蛋白质呢？因为蛋白质是食物里的重要成分之一，含有人体最需要的营养，我们吃的鸡蛋和肉类食物里面重要的营养物质之一就是蛋白质。

　　那怎么操纵基因呢？如果用 Word 软件你肯定很在行，复制粘贴嘛。简单来说，重组 DNA 技术就是复制和粘贴基因的方法。

基因工程 1.0：基因泰克公司

自打发明了重组 DNA 技术以后，博伊尔教授就想搞个大事情。这种重组 DNA 技术仅仅是实验室的黑科技吗？这种技术有用吗？有用的意思是，是否有可能对生物医药产业产生可见的价值。坦白来说，科学家做基础科学研究的目的主要是探究科学真理，对研究成果能否尽快产生社会价值则没有那么关心。但是在博伊尔心中，重组 DNA 技术显然是有可能在短期内产生社会价值的。

当时人类的生产能力还停留在合成化学小分子上，无法生产蛋白质。蛋白质是一种很复杂的分子，远远超出了当时科学家的化学合成能力。有了重组 DNA 技术，我们就能把可以生产蛋白质的基因插入一个繁殖力较强的生物体内，比如细菌（见图 19-1）。这样一来，能大量繁殖的细菌不就可以像生物工厂一样，帮我们生产蛋白质了吗？

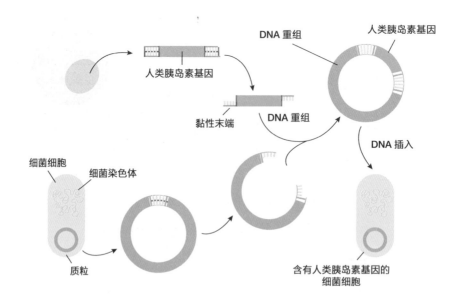

图 19-1　利用重组 DNA 技术生产胰岛素蛋白质

我把这个阶段定义为基因工程 1.0,就是把基因装到微生物里,让微生物来为人类生产蛋白质。应用重组 DNA 技术能生产什么蛋白质呢?博伊尔教授心里并没有太多想法。他是一个象牙塔里的科学家,对于生物医药产业的发展状况,以及人们需要什么蛋白质并不清楚。

就在这时,在 1976 年的美国旧金山湾区,距离乔布斯和沃兹尼亚克创立苹果公司的车库不太远的地方,投资人斯旺森(Swanson)拨通了博伊尔教授的电话,想要聊聊有无合作机会。博伊尔教授从未跟投资人谈过,不过听上去有点意思,于是答应聊个 10 分钟。后来,原定的 10 分钟变成了 3 个小时,斯旺森跟博伊尔教授畅谈了一个下午,两人一拍即合,成立了史上第一个生物技术公司——基因泰克(见图 19-2)。这家公司的愿景非常明确,就是用重组 DNA 技术让细菌为人类生产蛋白质药物。基因工程 1.0 成功起航。

图 19-2　基因泰克公司

图片来源:陈椰林研究员赠予。

我们复盘这个商业奇迹的时候，从中看到了很多偶然事件。斯旺森当时并不能算是个成功的投资人，他屡次投资失败、走投无路，找博伊尔教授完全是来碰运气的。他之前已经找了数个教授约谈，结果统统碰壁。博伊尔教授要不是毫无商业经验，估计也不会被斯旺森打动。不过，不管怎么样，他们在适当的时间、地点相遇了，天时地利人和，这个事儿就成了。[32]

斯旺森与博伊尔教授共同决定，基因泰克公司的第一个目标是胰岛素。胰岛素是胰腺分泌的一种蛋白质激素。Ⅰ型糖尿病病人由于体内缺乏胰岛素，很容易产生血糖过高等症状，甚至危及生命。糖尿病病人每天都需要注射胰岛素，帮助食物中的糖分在体内正常分解消化，所以胰岛素药物的市场潜力巨大。原来人们需要从牛、羊的胰腺中提取胰岛素，牛、羊的胰腺里有许多杂质，得采用复杂的生产工艺去除。而且牛、羊的胰岛素毕竟和人的胰岛素不一样，在注射牛、羊胰岛素的过程中还容易发生过敏反应，过敏反应产生的原因是人体的免疫系统会自动识别非人体的蛋白成分。如果能用细菌生产人的胰岛素蛋白，那就不会发生过敏反应了，可以想见，这种药物有着良好的市场前景。

基因工程产业起航的基础有两个：第一，前所未有的技术手段——重组DNA技术；第二，急需创新产品的庞大市场。再加上干劲十足的科学家和企业家，天时地利人和才算全部到位。就像这个世界上所有的创业公司一样，基因泰克公司的创业之路也非常坎坷，刚一成立就出现了强力竞争对手。重组DNA技术问世以后，其他科学家与商业投资人也发现了这个商机，其中重要的竞争者就包括前文中提到的哈佛大学吉尔伯特教授。吉尔伯特极具前瞻性地命名了基因的外显子和内含子，还因参与研发DNA测序技术获得了诺贝尔奖。

吉尔伯特教授很快就发现重组DNA技术潜力无穷，他一方面动员自己的学生赶紧着手将人类胰岛素基因插入到细菌里，生产蛋白质；另一方面和商业投资人士在1978年成立了一家生物技术公司——百健（Biogen）。

合成人类胰岛素基因之战

应用基因工程技术合成人类胰岛素基因的竞赛开始了。一开始，基因泰克公司可谓毫无胜算，无论是从实力还是从财力上看，吉尔伯特教授的团队都遥遥领先。就在这时，一个学术之外的影响因素竟然直接扭转了局势。

当时美国对重组 DNA 技术的限制仍然非常严格，如果想从人体细胞中分离基因，操作人员就必须在生物安全四级实验室里开展。操作人类的 DNA 必须全副武装，就像操作埃博拉病毒那样。无奈，吉尔伯特教授的团队在美国找不到可以做实验的地方，最后不得不跨越大西洋，租用英国军方的生物安全四级实验室做实验。在实验过程中，研究人员用来分离人类胰岛素基因的实验样本居然被污染了，而一个月的租用期限很快到了，吉尔伯特和同事们只得垂头丧气返回美国。

与此同时，1978 年，基因泰克公司宣布成功将人类胰岛素基因转移至大肠杆菌里，并且大肠杆菌成功生产出了人类胰岛素蛋白！这匹黑马成功的关键在于，他们绕开了直接分离人类基因的苛刻规定："既然 DNA 是化学物质，我直接用简单的化学原料合成还不行吗？"

基因泰克公司找到一位合成 DNA 的高手，直接用 A、T、G、C 四个碱基拼接起来组成了人类的胰岛素基因，而没有从人类细胞中分离基因。合成基因的化学方法并不是万能的，胰岛素基因由有 153 个碱基的双链 DNA 组成，所以能用化学方法全部合成。如果再大一些，对于有成百上千个碱基对构成的 DNA 分子，用这种方法就行不通了。基因泰克公司很幸运。[33] 弯道超车的基因泰克公司完成了人类操纵基因的第一个创举：在微生物中生产出了第一个被人工合成的蛋白质药物——胰岛素。

基因工程革命与资本市场

我们来全面复盘一下这个将科研成果以火箭速度转化为商业价值的经典案例，看看基因泰克公司成功的关键，除了技术因素，还有什么。我觉得至少还有两个"天时地利"因素，让基因工程可以在 20 世纪 70 年代的硅谷起航。

第一，硅谷风险投资。1976 年，当基因泰克公司的团队刚刚成立的时候，他们的第一笔 10 万美元的投资是大名鼎鼎的凯鹏华盈风险投资公司创始人之一帕金斯（Perkins）提供的。在当时，用细菌生产人用药物可谓天方夜谭，不仅投资界没听说过，连科学家都没有把握能否成功。但是不冒险哪儿有收获？基因工程革命的第一桶金就得益于这名副其实的风险投资。20 世纪 60 年代，硅谷的风险投资业与半导体行业同时崛起。70 年代，扶持硅谷崛起的风险投资行业又成了基因工程革命前进的发动机。

没有辜负投资人期望的基因泰克公司在 1977 年首次将人类的生长抑素基因克隆至大肠杆菌，在 1978 年完成了人类胰岛素基因的克隆和表达实验。这一切都与风险投资人的慷慨解囊密不可分。说到这里，故事还没完，虽然基因泰克公司团队完成了人类胰岛素基因的分离，携带人类胰岛素基因的细菌也可以生产人类胰岛素蛋白了，但是细菌里生产的胰岛素蛋白的产量还远远不够，质量也达不到从动物胰脏里提取出的胰岛素的水平，更别提给人用了。这项实验室的黑科技什么时候能变成惠及千家万户的药物呢？

"烧了"几年的钱，研究者自己都说不出什么时候这些人工胰岛素能做成药卖出去，风险投资人也不愿意继续给基因泰克投资了。在这个关键的时间节点，斯旺森跑遍了辉瑞、默克等各大知名药企，希望跟他们谈个收购协议，将其专利加科学家团队打包卖给大药厂。结果是，没有一家大药厂有兴趣，原因很简单，前景不明。大肠杆菌生产的区区几微克胰岛素得要猴年马月才能给病人用吧？就在即将弹尽粮绝、资金链断裂的时刻，基因泰克公司迎来了又一个机遇。在仔细考虑了所有可能性以后，斯旺森决定，不找买家求收购了，铁了心自己干，没钱就上市！

第二，纳斯达克上市。比苹果公司提前两个月，1980 年 10 月，基因泰克在纳斯达克上市，开盘后一小时内股价从 35 美元涨到了 88 美元，公司创始人和科学家们瞬间变成了亿万富翁。尽管当时基因泰克还没有一分钱盈利，但是华尔街已经清楚地看到了基因工程革命的潜力。上市两年后，基因泰克公司终于证明了细菌里生产的胰岛素是有可能被扩大量产、变成药物的。1982年，基因泰克公司与大型制药公司礼来合作生产的人胰岛素通过了美国食品药品监督管理局审批，作为药品正式上市，名字叫"优泌林"。

说到这儿，我们先来看一个概念——生物技术公司。所谓生物技术公司，就是应用基因工程方法，通过操纵基因来生产药物或蛋白质的公司。常见的基因工程、生物工程、生物技术等词其实都是差不多的意思，而生物技术公司逐渐演变成了研发创新药物的地方。传统的制药公司大多运用化学方法来研发药物，在生物技术公司出现后，大型传统制药公司也纷纷跟进，开始大量使用基因工程方法研发药物，比如默克公司的乙肝疫苗等。

与信息时代的新贵们，比如苹果公司与微软公司之间腥风血雨的竞争不同，生物技术公司百花齐放，没有形成一家或几家垄断的局面，基因泰克、百健、安进（Amgen）各自专注不同领域的药物研发，它们时至今日仍然是生物医药行业最具创新能力的公司。应用生物技术研发药物往往需要数年，甚至十余年的时间，风险投资加上金融市场的运作方式为生物技术公司的研发提供了充足的经费，即使在尚无药物销售盈利的情况下，创新研发工作仍然可以有序进行。这种良性循环也是希望发展生物技术以及基因工程药物的国家学习的榜样。

基因工程 2.0：抗体药

基因工程 1.0 还不至于影响人类社会走向，基因工程 2.0 就厉害了，能利用动物生产对人体非常重要的蛋白质——抗体，这是与人类性命密切相关的新一代蛋白质药物。

什么是抗体呢？抗体是免疫系统用来对抗外来病原体的蛋白质。每当病毒、细菌入侵人体，我们的免疫系统就会记住这些入侵者，然后产生抗体（见图 19-3）。抗体需要有抗原的刺激才会产生。抗原的个头不能太小，如果是化学物质，比如食盐中的氯化钠，则不足以刺激免疫系统产生抗体。抗原（通常是蛋白质，比如病毒或细菌的蛋白质）和抗体之间的厮杀在人的一生中会发生许多次。

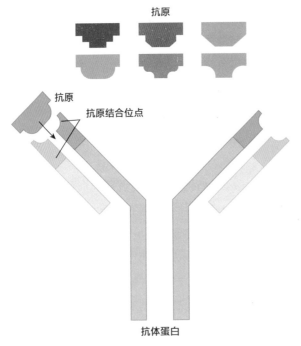

图 19-3　抗原与抗体的相互作用

抗体有多强大？我举个例子，只要小时候吃过一次小儿脊髓灰质炎糖丸，我们这辈子都不用担心会得小儿麻痹症。因为小儿脊髓灰质炎糖丸里就含有被降低了活性的脊髓灰质炎病毒，这些病毒进入人体以后，不会使人生病，而会作为抗原，刺激机体的免疫系统产生抗体。机体有了针对脊髓灰质炎病毒的抗体之后，如果真的遇到脊髓灰质炎病毒入侵，抗体就会马上出征，尽职尽责地扫除病毒。

如果我们可以帮助人体生产抗体，或者说直接生产出抗体来给人体用，那真是获得了威力无比的武器。生产抗体并不简单，需要很多基因一起工作才行，用基因工程 1.0 里的微生物肯定是不行了。在基因工程 2.0 时代，科学家把人体免疫系统的许多基因都转移给了小老鼠，把小老鼠当作生物工厂。抗体药物能治很多种病，其中就包括癌症。

2018 年的诺贝尔生理学或医学奖颁给了发明肿瘤免疫疗法的两位科学家。研究癌症的科学家一直有个困惑：疯长的癌变细胞就像身体里的异类，但是为什么有机体的免疫系统不能识别癌变细胞并将其清除掉呢？科学家发现，癌变细胞上有一个 PD-L1 蛋白质，专门用来关闭人体的免疫反应。癌变细胞上的这个 PD-L1 蛋白质专门与免疫细胞上的一个叫 PD-1 的蛋白质相互作用，导致免疫系统无法启动正常的免疫反应，进而把癌细胞当成自己人（见图 19-4）。癌细胞就这样逃脱了免疫系统的追杀。

为了拆穿癌细胞的把戏，科学家希望阻断 PD-L1 蛋白质与 PD-1 蛋白质之间的相互作用。怎么做呢？利用抗体和抗原的精确识别原理。理论上，任何一种蛋白质都可以作为抗原，去诱导免疫系统产生专门识别这个蛋白质的抗体。我们可以将人类的 PD-1 蛋白质注射进小鼠的体内，这样小鼠的免疫系统就会产生针对人类 PD-1 蛋白质的抗体。这个抗体可以像一个包裹一样把 PD-1 蛋白质的大部分包起来，这样癌细胞 PD-L1 蛋白质就无法结合 PD-1 使免疫细胞失活。我们再把这个抗体注射给癌症病人，他的免疫系统就能准确识别并杀灭癌细胞了。

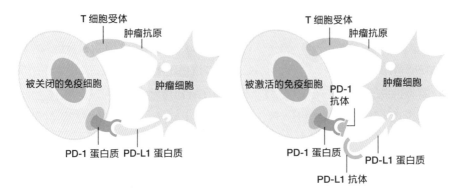

图 19-4　PD-1 抗体和 PD-L1 抗体清除癌细胞伪装、激活免疫细胞

　　这里面的问题在于，如果将小鼠的抗体注射给人类，人体马上就会发生免疫反应，产生针对小鼠抗体的抗体。怎么才能生产出人类的抗体呢？科学家花了十余年时间，一步步把可以产生人类抗体的一堆基因转入小鼠的基因组，得到了一个可以产生人类抗体的"人源化小鼠"。[34] 这个小鼠看上去还是小鼠，但是它的免疫系统基因已经被换成人的基因了。小鼠还是小鼠，但它可以产生人的抗体。

　　用这个超级基因工程小鼠作为抗体生产工厂，这种和人体产生的抗体一模一样的 PD-1 抗体成了抗癌神药。现在世界各国的抗体药物销售额都在逐年攀升，已经超过了数千亿美元。抗体药物的生产其实相当复杂，不仅要把人的免疫系统基因转移给小老鼠，还需要一系列可以使抗体规模化生产的工艺。

　　抗体药物在人类药物史上处于什么地位呢？在蛋白质药物和抗体药物出现之前，药物一直是用化学方法合成的。而掌握了基因工程技术之后，我们可以成功生产蛋白质药物，还可以用免疫系统的精确制导导弹——抗体来作为药物。由于抗体药物精确制导的特性，毫无疑问，这是继化学小分子药物后最重要的发明。那下一代药物会是什么呢？答案是基因本身，我们将在第 21 章讲解基因药物研究的最新进展。

抗体药物现在仍未普及，与越来越便宜的电子产品不同，抗体药物的生产过程非常复杂、精细，目前还无法大规模量产，价格也十分昂贵。即使我们有万贯家财、富可敌国，也不敢保证自己不会生病。在身体健康面前，一切都不值一提。基因工程的革命才刚刚开始，而它的未来与每个人息息相关，也是人类社会继续向前发展的又一巨大推动力。

章后小结

The Gene Enlightenment

1. 增强生产力的战场首先是基因工程。基因工程 1.0 时代，科学家运用重组 DNA 技术把基因转移给微生物，为人类生产蛋白质药物，比如胰岛素。

2. 基因工程 2.0 时代，我们有能力把人体免疫系统的一系列基因转移到小鼠身上，让它们为我们生产人类抗体，进而为人类的疾病治疗带来了革命性的影响。

20
转基因农业：
未来之路

除了可以让其他生物为人类生成蛋白质药物，甚至生成抗体药物来对付癌症之外，基因工程还在另外一个维度上永久改变了人类社会，就是改变了有着几千年历史的农业。

发展了数千年的农业史就是人类养育动植物为自己生产食物的过程。对基因的操纵完全改变了农业生产的版图，使人们从传统农业走入了转基因农业的阶段。接下来，我们就来看看基因工程是怎样通过修改农作物的基因，改变其性状，为人类生产更多、更好的食物的。转基因农业和传统农业有何不同？我们是怎么保证送上饭桌的转基因食物是安全的呢？

抗除草剂的转基因大豆

我们最常见的转基因农作物——大豆中被转入了抗草甘膦基因。草甘膦是一种常用的除草剂，被用于高效清除农田中的杂草。农田里肥料丰富，所以伴随着大豆一起生长起来的还有杂草。杂草的生命力比较顽强，会跟大豆争夺养分，所以必须清除，这就需要用到除草剂，比如草甘膦。

草甘膦的作用原理是什么呢？草甘膦中的有效成分可以抑制杂草中的EPSPS 蛋白酶的活性，这个蛋白酶被抑制以后，杂草就慢慢枯萎了。问题来了，杂草和大豆都是植物，都有这个酶，如果大面积喷洒除草剂，不仅杂草会被杀死，大豆也扛不住。如果不喷洒除草剂的话，杂草很快会长起来，跟大豆争夺有限的营养，结果就是大豆产量受到严重影响，那怎么办呢？

科学家发现，一些微生物也有 EPSPS 蛋白酶，微生物版本的 EPSPS 蛋白酶，换给植物照样可以用。这个有点像我之前提过的"基因大同论"。需要特别说明的是，微生物的 EPSPS 酶不受草甘膦的影响。于是，科学家将这个不受草甘膦影响的微生物 EPSPS 蛋白酶的基因转入了大豆中。这样一来，大豆就不会受到除草剂的影响，这个微生物 EPSPS 蛋白酶的基因就仿佛给大豆穿上了一层不怕除草剂的防弹衣。

别小看这层防弹衣，有了这层保护，人们就可以在大豆田里通过自动化的农业生产机器大面积喷洒除草剂草甘膦而不影响转基因大豆的生长。就这样，微生物的 EPSPS 基因成了现代化农业的一块奠基石。美国的转基因大豆种植面积已经超过了 94%。

运用转基因技术，人们实现了高度机械化种植与收割农作物，大豆的生产成本大大降低。我们在商店里看到的大豆食用油如果是用非转基因大豆生产的，肯定要比用转基因大豆生产的豆油要贵，原因正是在这里。如果给你闭着眼睛来品尝两种大豆油的味道，我敢打赌你是分辨不出来的。转基因大豆只是多了一个微生物 EPSPS 蛋白酶的基因，口感与其他大豆完全没有差别。

抗虫的转基因棉花

说完转基因大豆，我们再来看另一种转基因农作物。你可能会听说，某种转基因食物里含有抗虫的基因，负责产生能毒死虫子的毒素，那人还能吃吗？

目前我国允许种植的抗虫转基因农作物只有棉花。棉花生长时很容易受到棉铃虫的毒害，由棉铃虫引起的棉花大规模减产经常给农业和农民造成毁灭性打击。棉铃虫是一种昆虫，不能用简单的抗生素来杀灭，只能大面积喷洒对人类也有毒的农药，所以农民在种植棉花的时候，常常面临着农药中毒的威胁，危及健康。穿着纯棉衣衫享受舒适与温暖的我们可能不会知道，每年都有很多农民因为喷洒抗棉铃虫的农药而中毒。

怎么办呢？科学家向棉花的基因组里转入了一个细菌里的抗虫基因。这个抗虫基因编码的抗虫蛋白质对棉铃虫是有毒的，棉铃虫一吃就会死掉；而对人类而言，这种抗虫蛋白是无害的。有了抗虫基因，种植棉花就不用喷洒那么多农药了，产量有了保证，棉农的身体健康也不会受到影响。

监管保证产品安全

从原理和技术上看，转基因农作物没那么神秘，也非常安全。你可能会想，利用转基因农作物生产的食品是否安全好像不应该由生产厂家说了算。不错，食品和药物是否安全，当然不能只由生产厂家说了算。世界各国都有食品与药品监督管理局，其中最权威、最严格的要数美国食品药品监督管理局。

为什么一定要有一个严格的监管部门来帮我们确保食品和药品的安全呢？20 世纪 50 年代，当时欧洲的药品监管机制还很不完善。欧洲一家药厂发现有一种叫沙利度胺的药物可以减轻孕妇的妊娠反应。药厂在没有给沙利度胺做完整的药品毒理学实验之前，就急于申请了监管部门的上市许可，接着监管部门也没有仔细核查，就批准了沙利度胺上市给孕妇服用。所谓毒理学实验，是指在动物中开展实验，看看药品有没有毒性。这个药品又叫"反应停"，一经上市，马上在欧洲普及开来。

但这个药品一直没有通过美国食品药品监督管理局的上市批准。为什么呢？因为美国食品药品监督管理局的标准非常严格，要求药厂必须完成一系列在动物身上进行的毒理学实验，证明对人体无害。而药厂因为已经在欧洲赚了大钱，所以根本不想再费力气继续做毒理学实验。短短两三年后，欧洲有数万名吃了"反应停"的孕妇生出了畸形儿，后来进一步的实验证明，就是"反应停"干扰了胎儿的正常发育。终于，"反应停"在上市四年后被药厂撤回。

这些悲剧应该怪药物本身吗？不是，沙利度胺确实是救人的药物，可以用于治疗人体免疫疾病，但是对孕妇而言，这种药物的副作用会危及胎儿的正常发育。药物本身并没有错，错在没有经过严格审查就匆匆上市，被用在了错误的人群身上，这一类事件值得生物医药行业深刻反省与从中吸取经验教训。

现在，世界各国推出的任何一个新药，都会经过严格的三期临床试验，对药品的安全性和有效性进行长达近 10 年的检测。人们利用转基因农作物生产食品已经有 20 多年了，经过了美国食品药品监督管理局和各国相关机构的严格审查，现在上市销售的转基因食品绝对安全。全世界转基因农作物种植面积最大的国家，以及吃转基因食品最多的国家都是美国。有了美国食品药品监督管理局的严格监管，美国人民人均吃掉的转基因食品居全世界之首。

转基因食品阴谋论

你可能会在网上看到一些所谓转基因食品致癌的新闻，我可以负责任地说，那都是谣言，谣言止于智者。目前没有任何一个靠谱的科学研究证明转基因食品的安全性有问题。

你可能还听说过一些观点，比如转基因农作物是跨国企业的阴谋，主要用来控制我国的生计产业等。事实上，转基因农业是现代农业的发展方向。对于转基因大豆来说，我国的大豆生产就因为没有拥有自主知识产权的转基因品种，已经败下阵来，导致我国不得不从美国与巴西进口转基因大豆来满足国民经济需要。而在转基因抗虫棉的研发上，我国科学家打了一个漂亮的阻击战，在进口转基因抗虫棉大兵压境的时候，奋起直追，研制出了拥有自主知识产权的转基因抗虫棉，成功保卫了我国的棉花市场，保护了棉农的利益。现在我们都知道高科技企业需要有核心技术，其实关系到国计民生的转基因农业又何尝不是价值连城，没有自主知识产权的转基因技术，就只有被卡脖子的份儿。

转基因农业与害虫进化

从转基因的原理、技术和监管来说，利用转基因农作物生产的食品非常安全。但是现在大众对于转基因农业还有一些顾虑，其中有一个针对转基因农业的反方观点，我觉得很有意思，想在这里讨论一下。

根据进化理论，因为转基因大豆不怕除草剂，所以人们可能会反复使用除草剂，这样就形成了一种固定的选择压力，对于基因一直在突变的杂草来说，除草剂有可能会帮忙除掉无法抵抗除草剂的杂草，而让可以抵抗除草剂的超级杂草脱颖而出。同理，转基因棉花的抗虫特性挺好，但是棉铃虫也会进化，万一棉铃虫物种中出现了一种吃了抗虫棉也不会死的超级棉铃虫，那么种满了抗虫棉的农田不就成了这种超级棉铃虫的自助餐厅了吗？

运用科学的方法推理来看，大量种植抗除草剂的转基因大豆会催生不怕除草剂的超级杂草，种植抗虫棉可能会筛选出不怕抗虫棉的超级害虫，这些担忧是很有道理的，因为物种确实会演化，但我们是应该积极地寻找解决办法，还是要因噎废食呢？

科学家正在摸索对付超级杂草与超级害虫的办法，比如采取转基因植株与非转基因植株相间种植的方法等，这样就能避免超级杂草和超级害虫的出现，就能减少转基因植物对自然环境的影响。魔高一尺道高一丈，遇到问题就积极寻找解决办法，这才是科学的态度。

章后小结

1. 基因工程改变了有着几千年历史的农业生产，现在我们已经有了种植广泛的转基因大豆和转基因棉花等。转基因大豆中被转入了抗草甘膦基，这样一来，人们就可以在田里通过自动化设备大面积喷洒除草剂草甘膦而不用担心大豆的生长。转基因棉花中被转入了抗虫基因，这样可以有效抵抗棉铃虫的毒害，提升棉花产量。

2. 人类为了增强生产力制造出了转基因农作物。转基因农作物经过了科学家的反复验证，也受到严格的系统监管，其安全性毋庸置疑。

21
基因检测：
发现基因缺陷

我很喜欢"人无完人"这个词，因为我觉得它不仅是说"做人要谦虚"，其本身也有着深刻的生物学意义。

几百年前，医学界就发现很多疾病是由上一代遗传给下一代的，因此将这些疾病归类为遗传疾病。自从发现了基因以后，人们知道了遗传疾病的病因就是基因缺陷。每个人身上的基因都是不完美的，每一个出生的孩子都有一定的概率会患有遗传疾病，而这在我看来就是"人无完人"的生物学意义。

遗传疾病对于患者来说意味着巨大的不幸，比如我们在前文中提到的唐氏综合征，如果不做产前基因检测，25 岁产妇产下唐氏患儿的概率为 1/1 300，而 35 岁产妇产下唐氏患儿的概率为 1/300。这一比例是相当高的。治愈遗传病对于人们而言是一个看上去遥不可及的梦想，但是现在，科学家和医生正在携手攻克这一难题，而这也是人类反叛基因的第二个主战场——修复自身的先天基因缺陷。

想要修复自身，就得先发现基因缺陷，再考虑怎么修复。这一章我们来看看导致缺陷的基因突变从哪儿来，以及我们要怎么发现基因突变。

基因突变从哪儿来

科学研究发现，基因缺陷导致的疾病可以分为两类，一类是由于先天基因突变导致的遗传病，另一类是由于后天基因突变导致的疾病，比如癌症。目前的基因检测手段绝大部分都用来检测先天的基因突变。

遗传病真是父母把基因突变遗传给孩子的吗？也对，也不对。我们身体里的细胞可以分为两类，第一类是准备传给下一代的细胞，比如精子或卵子，生物学上称其为生殖细胞；第二类是不会传给下一代的细胞，是除了精子和卵子之外的所有细胞，生物学上称其为体细胞。生殖细胞就是可以传给下一代的、保存在生殖器官里的细胞。因为要为繁殖下一代做好准备，所以生殖细胞需要不停地分裂，不停地产生精子或卵子。每一次细胞分裂都意味着 DNA 需要完整复制一遍，而复制就有可能出现突变，这也就意味着，基因突变在生殖细胞中发生的可能性更大。

导致遗传病的先天基因突变确实是父母遗传给孩子的，而这种遗传包括两种不同的情况。

第一，父亲或母亲本身的体细胞和生殖细胞里就有基因突变，他们把突变的基因遗传给了下一代，我们把这种情况叫作遗传突变。著名影星安吉丽娜·朱莉体内的 BRCA1 基因突变就是从母亲那里遗传而来的，她的母亲也有这个 BRCA1 基因突变，而且就是因为这个基因突变患乳腺癌去世的。

第二，父母亲体细胞里的基因正常，但他们的生殖细胞，比如精子或卵子里发生了基因突变。我们把这种情况叫作新发突变，意思是指在孩子身上新发现的。其实这种突变也是父母遗传给孩子的，不过因为基因突变发生在父母的生殖细胞里，其他部位并没有发生基因突变，所以就会出现父母没有患病而孩子患病的情况。照理说这个基因突变在父母体内就已经发生了，为什么他们没事儿呢？因为它发生在生殖细胞里，而生殖细胞并没有携带太多的蛋白质。所有的基因都处于关闭状态，全力以赴为孕育下一代做准备，所以突变的基因并没有表达出蛋白质，父母就不会因为基因突变而患病。

孩子就不一样了。精卵融合成受精卵以后，这个基因突变就被完全继承了，孩子浑身的体细胞和生殖细胞里都会含有这个基因突变，后果就会在孩子身上体现出来，导致他们生病。

那究竟是精子还是卵子里更容易出现基因突变呢？研究发现，精子中发生基因突变的概率更大，因为对于人类来说，男性产生的精子数量远远多于女性产生的卵子数量，精子产生的过程需要经历更多次的细胞分裂，每次细胞分裂都需要复制 DNA，这样累积起来，精子中发生基因突变的概率自然就更大了。[35]

检测先天的基因突变

对于遗传病患者而言，我们必须知道在他的两万多个基因里面究竟是哪个基因发生了突变。这怎么找呢？在"人类基因组计划"完成之前与完成之后，进行基因检测的方法是截然不同的。有了"人类基因组计划"催生的快速DNA 测序技术，只需要花费几千甚至几百元钱，每个人都能很容易地享受到基因测序的福利。

基因突变导致癌症这个理念一开始并不是科学界的共识，在 20 世纪 80

年代之前，科学界一直认为病毒感染是导致癌症的原因。1989 年的诺贝尔生理学或医学奖授给了瓦默斯（Varmus）和毕晓普（Bishop）两位教授，表彰他们发现了一种会诱发癌症的逆转录病毒。这两位获奖者也坚信病毒感染就是导致癌症的原因，以至于在获奖感言中大谈特谈今天看来完全错误的科学论断。

这两位诺贝尔奖得主的发现在科学上完全没问题，逆转录病毒的感染确实有可能导致肿瘤，恶性肿瘤就是我们所说的癌症。但是受当时的研究技术所限，他们没有发现导致癌症的根本原因。病毒感染人体细胞以后发生了什么？就像我们讲过的噬菌体感染细菌一样，病毒会将自己的基因整合入人体细胞的基因组。那为什么最后形成了肿瘤呢？后来的科学研究发现，如果仅仅是病毒的寄生和裂解行为，其实并不会导致肿瘤。病毒感染导致肿瘤，是因为病毒的基因整合进人体细胞正常基因组的过程。这个外敌入侵的过程极有可能破坏人体自身的基因，如果影响到那些调节控制细胞生长的基因，就有可能让正常的调控失灵，从而导致细胞异常生长，产生肿瘤，甚至癌症。

不过关于病毒导致肿瘤的科学发现还是非常重要的，虽然这个发现没有告诉我们导致癌症的真凶，却给我们提供了一条有可能阻断癌症的方法。科学家发现罹患宫颈癌和被 HPV(人乳头瘤病毒) 感染有很大的相关性，换句话说，如果被 HPV 感染，就很有可能患上宫颈癌。这里面的科学原因，就是病毒的感染破坏了人体细胞的基因组。

科学家和制药公司已经研制出了可以预防 HPV 感染的疫苗，运用抗体抗原特异性识别的原理，用一小段 HPV 病毒里的蛋白质去做抗原，诱导人体产生免疫反应，生产专门识别 HPV 的抗体，如果有 HPV 入侵，这些抗体就会马上出动清除病毒。这个 HPV 疫苗的另外一个功效你可能也猜到了，那就是有效地降低宫颈癌的发生率。很可惜，HPV 和宫颈癌的这个例子在其他大部分肿瘤和癌症的发生过程中都找不到，所以我们得通过基因检测来寻找导致癌症的真凶。

BRCA1 基因与癌症

20 世纪 90 年代，女性科学家玛丽 – 克莱尔·金（Mary-Claire King，见图 21-1）教授发现了 BRCA1 基因突变和癌症之间的关系。一开始，金教授希望找到导致乳腺癌的原因，她花了多年心血找到了 23 个大家族，这些家族中有 146 名成员患有乳腺癌。紧接着金教授发现，在很多家庭里，上一代患有乳腺癌的话，下一代患乳腺癌的概率就会大大增加。金教授怀疑有一个可以被遗传的基因突变导致这些家族成员患上了乳腺癌。1994 年，金教授终于找到了这个突变的基因，将其命名为 BRCA1。

图 21-1 玛丽 - 克莱尔·金教授

图片来源：www.jax.org。

说到这儿，我还想讲讲发现 BRCA1 基因背后的故事。除了金教授外，美国犹他大学的斯科尔尼克（Skolnick）教授的团队也同时找到了 BRCA1 基因，并且确定了基因的全部序列信息。与金教授不同，斯科尔尼克教授看到了 BRCA1 基因里面蕴藏的商机。

　　道理很简单，如果 BRCA1 基因的突变与癌症有关，那么只检测 BRCA1 基因不就可以预估患上癌症的风险吗？斯科尔尼克教授马上成立了 Myriad 遗传检测公司，申请了技术专利，并开始做基因检测服务，可以说是癌症基因检测的先驱。如果谁家里有乳腺癌患者，也担心自己面临患癌风险，就可以做一下基因检测，看一下自己是否携带 BRCA1 基因突变。如果没有，那大可以放心，如果有的话也可以早做预防，定期去医院做详细检查，在肿瘤产生早期及时切除病灶，进行治疗。对大部分癌症来说，早期切除肿瘤都能大大地提高生存率。

　　Myriad 遗传检测公司的风头一时无二，垄断了肿瘤基因检测行业长达 10 年。因为一家独大，竞争对手很少，所以他们开出的基因检测价格颇为昂贵，检测几个基因要价高达数千美元。20 世纪 90 年代，基因检测技术还是实验室里的黑科技，因此 Myriad 遗传检测公司的收费其实也不算太离谱。但是在"人类基因组计划"完成之后，特别是由于基因测序技术的不断迭代更新，基因测序费用已经大幅降低。2010 年之后，完成全基因组测序只需要数千美元，在这时，Myriad 遗传检测公司依旧收费高昂就引发了人们的不满。从 2012 年开始，美国各种组织都开始跟 Myriad 遗传检测公司打官司，反对其对基因检测领域的垄断。

　　2013 年 6 月 13 日，美国最高法院裁决，人类基因不能被作为某个公司的专利，否决了 Myriad 遗传检测公司拥有的针对 BRCA1 基因的专利权。Myriad 遗传检测公司躺着挣钱的时代终于结束了。每个人都有所谓的"基因权"，用专利来制止别人对基因进行测序是行不通的。

BRCA1 基因突变与乳腺癌的关系是一个特别明确的例子。对于其他大多数癌症而言，我们还没有找到如此明确的基因突变来预判患病风险。只有扩大基因测序的范围，科学家才可能发现基因突变与癌症的关联，不过这些都是"人类基因组计划"的后话了。

"人类基因组计划"之后的致病基因检测方法

有了先进的测序技术，我们怎么来寻找诱发疾病的基因突变呢？检测先天基因突变和后天基因突变的方式不太一样。先天性遗传病常见于新生儿和儿童中，比如先天性耳聋和会导致失明的先天性视网膜细胞退行性病变。一旦发现病人，我们可以采取全基因组测序的方法，找到孩子身上新发的基因突变，或者孩子遗传自父母的基因突变。

全基因组测序能帮我们检测到所有导致癌症的突变吗？还不行，因为会导致癌症的基因突变除了上面说到的 BRCA1 基因遗传突变以外，还有后天的基因突变。每个人细胞里的基因都会经受各种化学物质和辐射的刺激，发生缓慢的突变，随着年龄的增长，基因突变会越累积越多，因此癌症发生的风险也会随着年龄的增长而越来越高。可以说，每一个人身上每时每刻都发生着这种基因突变。[36] 那怎么才能检测到导致癌症发生的后天基因突变呢？这里就要提到一种最新的基因科技——液体活检（liquid biopsy）。每个人的血液里都有很多 DNA 碎片，因为细胞每时每刻都在新陈代谢，而衰老的细胞里面的 DNA 就会散落到血液里。

上一章提到的无创产前检测方法，就是利用胎儿的 DNA 碎片会流到妈妈的血液里这一点，来检测胎儿的基因是否正常。对于癌症病人而言，这种检测方式尤其有效。因为肿瘤组织生长迅猛，细胞很容易破碎，所以会比正常的组织释放更多的 DNA 碎片。

　　液体活检作为医学检测手段已经完全成熟，可以为患者服务了。有一种癌症叫作非小细胞肺癌，目前治疗这种癌症的药物针对的是病人身上发生的表皮生长因子受体（EGFR）基因突变。通常情况下，如果想检测病人体内是不是有 EGFR 基因突变，医生必须用一根很细的针去做穿刺，获取癌症组织样本，可想而知，这种方法对病人而言非常痛苦。有了液体活检的方法，情况就简单了。因为血液里面肯定有癌症组织的 DNA 碎片，所以只要抽取几毫升病人的血液，就能检测到患者的 EGFR 基因是不是发生了突变。2018 年 1 月，我国正式批准这种针对肺癌中的基因突变的液体活检试剂盒上市，为患者服务。

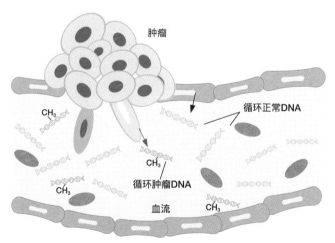

图 21-2　循环肿瘤 DNA 上会携带导致癌症的基因突变和异常甲基化修饰

1. 基因缺陷导致的疾病可以分为两类，一类是先天基因突变导致的遗传病，另一类是由于后天基因突变导致的疾病，比如癌症。

2. 对于先天基因突变导致的遗传病，我们可以通过全基因组测序来发现患者遗传的基因突变。

3. 对于后天基因突变导致的癌症，我们需要通过最新的检测手段，如检测血液里的 DNA 碎片中具有的基因突变，帮助患者对症下药。

22
基因修复：
修复先天缺陷的基因疗法

发现基因缺陷以后，能否修复就成了科学家面临的又一个难题。修复先天基因突变和后天基因突变的方法很不一样。修复先天基因突变的方法叫做基因疗法。有关基因疗法的前世今生，王立铭教授的著作《上帝的手术刀》①中有精彩讲解，我在这里就不赘述了。我想重点介绍一下这几年基因治疗方法取得的激动人心的新进展。有哪些先天性遗传病可以用基因疗法来治疗呢？目前主要有以下几类：

第一大类：血液系统或免疫系统疾病，包括先天性免疫缺陷、血友病、地中海贫血等。这类疾病因为基因发生了突变，使血液相关的一些正常生理功能受到了影响，比如不能产生正常的血小板而影响凝血，不能产生足够的血球蛋白而无法给机体提供足够

---

① 本书是一本细致讲解生物学热门进展的科普力作，也是一本解读人类未来发展趋势的精妙"小说"，中文简体字版已由湛庐文化策划、浙江人民出版社出版。——编者注

的氧气，免疫细胞无法产生抗体、不能发挥保卫躯体的作用等。

第二大类：大脑疾病，比如帕金森病，脊髓性肌肉萎缩症，还有由于基因突变导致视网膜细胞病变而失明，或者由于耳朵里的毛细胞病变而失聪。

第三大类：由于基因突变导致肌肉、骨骼等组织发生病变的疾病。

对于先天性遗传病的研究过程是这样的，首先是在临床问诊中，医生发现了某个疑难杂症，然后经过经验判断加上科学文献检索，判断有没有可能是基因突变导致的先天性遗传病。接下来医生会提取病人的基因样本进行检测。在"人类基因组计划"完成之前，针对疑难杂症进行基因检测非常困难。而现在，随着基因测序技术的不断进步，对疑难杂症的基因诊断逐渐完善，越来越多的致病基因被发现，医学上对先天性遗传病的基因确诊率也越来越高。

基因突变是小概率的随机事件，对所有人而言机会均等。身患遗传病的患者经常会想，为什么这种灾难会发生在我身上呢？我在科研工作中经常遇到一些遗传病患儿的家长问我，什么时候科研能有成果救救他们的孩子。看着他们无助的眼神，我真是百感交集。科学的发展已经让我们战胜了很多疾病，比如天花、鼠疫，甚至艾滋病。而遗传病与这些疾病都不同，因为病根子在基因上，如果我们无法修复基因，就只能通过药物缓解症状，治标不治本。有些严重的遗传疾病甚至连能暂时缓解症状的药物都没有。幸运的是，经过了几十年的艰难探索，基因疗法在最近几年取得了突破性进展，让我们看到了征服遗传疾病的曙光。

基因疗法的研发可以分成两个阶段：第一阶段，对细胞进行基因修复；第二阶段，对全身进行基因修复。

第一阶段：针对细胞进行基因修复

在遗传疾病里，先天的基因突变在全身所有的细胞里都有，但是这个基因的表达只会发生在特定的细胞里。如果这个基因是在眼睛的视网膜细胞里表达，与视觉有关，那么基因突变就有可能导致人失明；如果这个基因是在血液细胞里表达，基因表达的产物蛋白质负责携带氧气，基因突变就可能破坏蛋白质的携氧能力，导致人体得不到足够的氧气。基因治疗的场景应该在突变基因工作的细胞里。

地中海贫血症就是因为血红蛋白基因发生了突变，导致患者血细胞携带氧气的能力下降，机体得不到足够的氧气，就是我们所说的贫血。理论上有两个治疗的策略：第一，缺什么补什么，将正常的血红蛋白基因运送到血细胞里去；第二，抄起剪刀做基因的裁缝，在血细胞里把突变的血红蛋白基因修复成正确的基因。到目前为止，科学家们都在钻研第一种策略。不过在接下来的章节中我会讲到最新的基因编辑技术，相信在接下来的 3～5 年里，能修复突变的完美的基因裁缝就会出现。

想要缺啥补啥，我们就得把正确的基因有效且安全地运送到需要它的细胞里，而"有效且安全"这一标准使科学家足足用了 30 年的时间。运送基因的方法有很多，比如最新的纳米材料等，但是最有效、最安全的方法还是大自然提供的。

从细菌与噬菌体的战争中我们知道，噬菌体最厉害的手段不是一口把细菌吞掉，而是把自己的基因注入细菌，然后用细菌的能量帮助自己繁衍后代。大自然最厉害的基因武器，就是病毒将自己的基因注入细胞的本领。在认识基因 100 多年以后，我们至今仍在感叹大自然的鬼斧神工，病毒比人类设计出来的所有基因运输方法都更安全有效。

但病毒始终是病毒，病毒感染细胞以后会裂解细胞来帮助繁殖。我们要运用病毒，就需要搞明白病毒的基因都是做什么用的，这样才能修改病毒，为我所用。经过几十年对病毒的科学研究，科学家终于找到了改造病毒的方法，让病毒只感染人类细胞，运输我们让它们运输的基因，而不繁殖后代。有了这种高效且安全的运输工具，我们就能把病人急需的基因运送到细胞里去了。到现在为止，基因疗法终于取得了第一阶段的进展——用病毒作为载体，把正常基因直接递送给因为基因突变而失去了正常功能的细胞，雪中送炭（见图 22-1）。

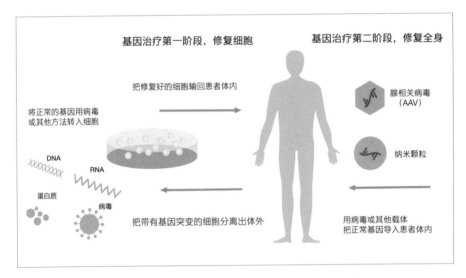

图 22-1　基因治疗

具体的治疗方法因病而异，在这里我举三个例子，前两种是血液疾病。第一种叫先天性免疫缺陷症，是因为一个对免疫系统有重要作用的基因发生突变，导致婴儿先天性无法产生抗体而缺乏免疫力，出生后无法抵御各种细菌和病毒的入侵。第二种是前文中提到的地中海贫血症，我国南方地区就有很多人患有此病。地中海贫血症是因为人体内一个重要的血球蛋白基因发生突变，无法形成健康的血红细胞给机体提供充足的氧气，病人往往有严重的贫血，甚至危及生命。

这两种疾病中，发生突变的基因都在血液细胞里表达，所以我们必须把正常的基因运送到病人的血液细胞里才行。具体的治疗方法要先分离患者的血细胞。具体分离何种细胞也很有讲究，我们的血液里有两种细胞，一种是命运已定的终末分化细胞，包括运输氧气的血红细胞和许许多多免疫细胞；还有一种是命运未定的造血干细胞，顾名思义，是一种干细胞，而且能够不停地产生新鲜的血细胞，补充衰老的血细胞。因为血细胞会衰老，所以医生们将基因治疗的靶点选在了造血干细胞上。

在血液中分离出造血干细胞以后，我们就可以用病毒作为载体，把病人需要的正常基因导入造血干细胞，然后再把这些携带正常基因的造血干细胞输回到患者体内。这些具有正常基因的造血干细胞被输回患者体内以后就能够正常工作，不停地产生具有正常功能的血液细胞和免疫细胞，病人的遗传病就这样被治好了。先天性免疫缺陷与地中海贫血的基因疗法已经完成了临床试验，安全性与有效性都得到了验证。2016 年，治疗先天性免疫缺陷的药物在欧盟上市。2018 年 10 月，地中海贫血症的基因治疗药物也正式获得欧盟批准，即将上市。

第三个基因治疗的例子是由基因突变导致的视网膜细胞病变。基因治疗的方法是用病毒携带正常的基因，直接注射到患者的视网膜里。正常的基因进入发生病变的视网膜细胞后可以产出正常的蛋白质，让视网膜细胞重新恢复功能，给患者带来光明。2017 年 12 月，针对视网膜病变导致失明的基因疗法获得了美国食品药品监督管理局的批准，正式上市。

第二阶段：全身的基因修复

基因疗法不断取得成功，振奋人心。不幸的是，有些遗传病需要修复的细胞并不是在身体的某一个地方，而是遍布全身。对这种疾病展开基因治疗的难度非常大。有一种先天性遗传病叫杜氏肌营养不良症。疾病的产生是因为一个在肌肉细胞里表达的 DMD 基因发生了突变，导致肌肉不能正常发育。杜氏肌营养不良症患者往往在幼时发病，病程持续十几年，全身的肌肉逐渐失去功能，最后在 20 岁左右因呼吸衰竭而死去。我们全身都有肌肉，包括四肢和内脏，所有的肌肉细胞里都需要这个 DMD 基因，科学家面临的难题是如何有效地把正常的 DMD 基因送到全身的肌肉细胞里去。

还有一种疾病叫作脊髓性肌肉萎缩，基因突变导致患者体内负责控制肌肉的神经细胞出现了病变。这种先天性疾病常见于儿童，患儿无法控制肢体的运动，往往在轮椅上痛苦挣扎几年后去世。人体控制肌肉的神经细胞遍布全身，而且由于血脑屏障的保护，化学药物很难进入神经细胞。

经过几十年的摸索，科学家终于找到了一种足够安全的、能把基因输送到全身的病毒，它的名字叫作腺相关病毒。腺相关病毒可以说是劳动模范，它只会勤勤恳恳地把基因带入细胞，不会随便在基因组里扎根而影响其他基因。腺相关病毒的个头很小，不容易引起机体免疫系统的注意，换句话说就是，被注射入人体之后产生的免疫反应很小。通过将腺相关病毒这个基因载体不断优化，科学家创造了一个又一个基因疗法的奇迹。

美国北卡罗来纳大学教堂山分校的萨穆尔斯基（Samulski）教授和肖啸（见图 22-2）教授努力了 20 多年，设计出一种针对杜氏肌营养不良症的基因疗法。杜氏肌营养不良症的致病基因 DMD 个头很大，不能直接被装在腺相关病毒载体里。科学家们一点点尝试，最后找到了一个个头较小，但是功能完好的迷你版 DMD 基因。用腺相关病毒携带着这个迷你版的 DMD 基因，通过给病人静脉注射，科学家和医生将正常的 DMD 基因安全地送到了患者的全身肌肉里。2018 年，第一位参与 DMD 基因治疗临床试验的小病人在两个月后已经能够健步如飞，甚至在泳池里自如地游泳嬉戏。肖啸教授去看望他的时候，他开心地说："我以后一定要去中国，因为中国科学家治好了我。"科学家从死神手中救回的小患者开心地笑着，这真是基因治疗为我们创造的生命奇迹。

图 22-2　肖啸教授

图片来源：肖啸教授赠予。

辉瑞制药公司主持的这项杜氏肌营养不良症基因治疗临床试验在 2018 年提前完成了临床一期试验，由于效果太好，他们在 2019 年直接进入了临床三期试验，相信获批上市指日可待。

以腺相关病毒为载体的基因疗法不仅能治疗杜氏肌营养不良症，也成功治愈了脊髓性肌肉萎缩症。科学家研制出了通过静脉注射，用腺相关病毒把正常的基因送进患者全身神经系统的方法。只用一次注射，就能治愈致命的脊髓性肌肉萎缩症。2019 年 5 月，美国食品药品监督管理局批准了脊髓性肌肉萎缩症的腺相关病毒基因疗法，这种致命的遗传病也遇到了克星。

不断升级迭代的基因疗法，终于让以前只能哀叹命运不公的先天性遗传病患者迎来了春天。

基因治疗贵吗

讲到这里，你可能会问，基因疗法贵吗？说实话，从目前美国的基因疗法定价来说，贵，非常贵。已经上市的眼科基因疗法的治疗费用是两只眼睛 85 万美元。治疗地中海贫血症的基因治疗药物定价 180 万美元，而治疗脊髓性肌肉萎缩症的基因疗法定价居然超过了 200 万美元。这些天价药让人望洋兴叹。不过，药品的定价不仅跟药物研发成本、生产成本直接相关，跟各个国家的医疗保障体系也有很大关系。抗癌明星药"柯瑞达"2018 年在中国上市，定价为 100 毫克 1.8 万元。这个价格是美国价格的一半。与"柯瑞达"刚刚上市的 5 年前相比，价格可以说是一降再降。

除了生产工艺的成熟，建立起成熟的医疗保险制度和医疗保险支付体系也是这些最先进的基因治疗药物得以推广应用的关键。医疗保险和药物研发之间有什么关系呢？当然有关系，研发创新药物的生物技术公司或制药公司都需要知道究竟需要投入多少研发经费，经过多久药品才有可能上市赚钱收回投入的资本。任何一个商业活动都需要考虑投入产出比，研发药物本身也是一个商业活动，而非可以不计投入的基础科学研究。因此，投入多少，何时能够产出利润，这些都是整个生物医药行业和投资方必须要考虑的问题。欧美国家蓬勃兴起的基因工程创新药物研发也得益于前面说到的资本市场、高科技企业纳斯达克上市以及健全的医疗保险体系与医疗支付系统。毕竟最后为这些药物买单的还是社会大众。

不知道你有没有听过或看过《我不是药神》这部电影，看过之后，你很可能也会对"黑心"制药公司对救命药定价高昂而愤愤不平。但你有没有想过，制药公司为研制药物投入了多少？现代生物医药行业每研制出一款新药平均需要花费 10 亿美元。而由于专利的时效性，拿美国来说，医药公司对药物的专利权最多只能持续 20 年，这还要从药物研发开始算起，而不是从药物上市开始算起，所以制药公司能否从药物的销售中收回研发成本就显得非常重要。如果收入赶不上支出，再大的家业也有花光的一天，要是制药公司没钱去研发新药，那么那些制造没有版权的仿制药的药厂去仿制谁家的新药呢？不过，只要找到问题所在，办法总会有的，就像电影《我不是药神》的结尾那样，合理的医疗保险就是一个解决的方法。

本文提到的这些先天性遗传疾病，从概率上说都是罕见病，因此我们可以尝试设计出医疗保险制度，将这些疾病的治疗成本摊薄到平时的医疗保险中去。对于这些一生只需要治疗一次即可痊愈的疾病，按照这种平时缴纳医疗保险，万一真需要用时还能用贷款的方式申请大额医药费用，不失为一种解决方法。

基因疗法是一种药品，也是一种商品。我相信，通过改进生产工艺，提高产能，肯定能改变目前药品稀缺、昂贵的局面。随着医疗保险体系逐渐完善，再贵的神药也有走进医保、惠及大众的那一天。这一天不会自己到来，而是无数人为之奋斗的结果。现在药价昂贵，说明药物珍贵，制药工艺还不够成熟，我们需要努力的空间还很大。

让天下没有难治的病，让天下没有难做的药，是无数生物医药科学家和企业家心中的梦想。

1. 基因疗法的发展有两个阶段。第一阶段是通过病毒载体将正常的基因直接转移到需要的细胞里。血液疾病和眼科疾病的基因疗法已经成功上市。

2. 第二阶段是通过腺相关病毒将正常的基因通过血液递送到全身，包括大脑，而这种方法可以治疗更多的遗传病。

3. 基因疗法现在还很昂贵，在不久的将来有望降低成本、惠及大众。

23
基因操纵:
对癌症的终局之战

总体来说,先天性遗传病是罕见疾病,发病率为万分之几或更低。目前,人类社会面临的最大的健康威胁,其实是基因突变导致的疾病——癌症。经过几个世纪的奋战,人类与癌症的斗争已经到了终局之战。这一章我想讲讲人类对抗癌症的总体思路和三大战役,即如何运用基因科技来对抗癌症。如果要用一个词来描述目前癌症的总体治疗思路,那就是"精准医疗"。精准医疗也被称为个体化医疗,意思是运用基因组学的方法,仔细甄别每一个癌症病人基因突变的情况,对症下药。

为什么精准医疗这么重要呢?我来讲一个经典病例。2012年,美国纽约斯隆–凯瑟琳癌症研究所的医生们进行了一个化学药物的抗癌临床试验,对象是 45 名晚期膀胱癌患者。化学药物名叫依维莫司,可以抑制癌变细胞里的一种信号兵蛋白质 mTOR。mTOR 可以促进细胞生长,抑制了这个蛋白,就可能控制癌细胞的生长。不过,医生们遗憾地发现,这种化学药物对膀胱癌患者好像完全无效。当他们正要中止这个失败的临床试验时，其中一个患者莎朗女士却意外地汇报，用药后她体内的肿瘤确实缩小了。

这是怎么回事？斯隆－凯瑟琳癌症研究所是美国最大的癌症研究中心，汇集了一流的癌症专家，但是他们始终无法找到依维莫司只对莎朗女士有效的原因。这些专家想，莎朗女士身上肯定有什么和其他病人不一样的基因突变。于是，他们与加州大学的科学家合作，对莎朗女士的癌细胞进行了全基因组测序。功夫不负有心人，他们在她的癌细胞中发现，癌症导致基因被大规模破坏，而有两个被意外破坏的基因是控制细胞生长的，但并不属于被 mTOR 控制的通路。

原来，控制细胞生长的通路有很多条，依维莫司抑制的 mTOR 只是其中一条。在其他病人的癌变细胞中，虽然 mTOR 的通路被抑制了，但癌变细胞还可以通过其他途径获得生长信号，持续增殖。而在莎朗女士体内，癌变细胞的基因发生了大规模损坏，这两个被意外破坏的基因就是负责让癌细胞不依赖 mTOR 通路继续生长的。在这两个基因被破坏以后，其他的生长通路就都被打断了，癌变细胞变得特别依赖 mTOR 通路，所以在这个时候，一服用依维莫司就能马上抑制癌变细胞的生长。

原因找到了，依维莫司确实有效，但不是对所有人都有效。医生马上调整了临床试验方案：以后参加依维莫司临床试验的癌症病人都要先做基因检测。只有看到其他控制生长通路的基因发生了突变，病人才能加入临床试验。果然，经过筛选的病人对依维莫司的反应效率大大上升。现在，依维莫司已经成为全世界癌症医生的常用药物之一。

说到这儿，你一定看出了"精准医疗"的好处，它能对每一个发生了不同基因突变的病人进行更准确的治疗。2012 年时，就连美国最好的癌症中心都不能给癌症病人做全基因组检测。而在现在，我国所有省会城市的三甲医院都能开展癌症组织的全基因组检测了。攻克癌症，我们有了更强大的武器。

有了"精准医疗"这个总体思路后，具体要怎么治疗呢？接下来，我们来看看人类对阵癌症的三大战役。第一，化学药物之战：用化学方法设计靶向药物，阻断癌细胞的生长链条。第二，免疫之战：运用基因科技让免疫系统攻击癌细胞。第三，终局之战：防患于未然才是人类对抗癌症最好的方法。

化学药物之战：朱莉的神药

2016年6月30日，美国一家公司公布了一个叫作"尼拉帕利"（Niraparib）的抗癌药三期临床试验数据，股价瞬时翻倍。尼拉帕利可以治疗女性卵巢癌，以及与BRCA1基因突变有关的妇科癌症。这个BRCA1基因突变就是好莱坞影星朱莉携带的那个基因突变。由于同样携带这个重要的基因突变，朱莉的母亲已经因为患癌去世。

尼拉帕利有多神奇呢？在三期临床试验中，病人口服一次，癌症就会被抑制长达21个月。也就是说，吃一次药可以保两年平安。

尼拉帕利是怎么诞生的呢？为什么能够抑制BRCA1基因突变导致的癌症呢？原来，这种药物可以抑制另一个基因起作用，这个基因叫作PARP，编码的蛋白质是DNA损伤修复部队的一员副将。而BRCA1基因编码的是DNA损伤修复部队的主帅。细胞里的DNA损伤修复的常驻部队是BRCA1基因统帅的，如果由于BRCA1基因发生了突变，导致BRCA1蛋白质丧失了正常功能，细胞里的损伤就有可能导致其他基因的异常失活与激活，产生癌症。

想象一下，BRCA1基因发生突变，癌细胞因为没有BRCA1蛋白质来修复DNA的损伤，四处着火，导致细胞疯狂生长。而癌细胞也是细胞，生长过程中也需要完成细胞分裂，需要复制DNA。这时，负责损伤修复的副将PARP就来主持工作了。尼拉帕利这个抗癌神药的作用原理就是干掉这个副将，这样癌细胞在疯狂繁殖的过程中 DNA 被意外损坏以后就没得修了，DNA 不能修复以后，产生的损伤越来越多，癌细胞很快就会因为没法复制而死去，最后被身体里的清道夫消灭。于是，癌症就这样被抑制住了（见图 23-1）。

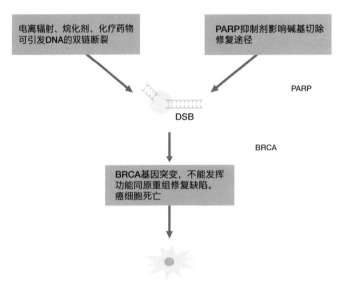

图 23-1　PARP 抑制剂的作用机制

　　2015 年，安吉丽娜·朱莉为了降低 BRCA1 基因突变带来的患癌风险，在切除了乳腺后，又切除了双侧卵巢。而在 2017 年，尼拉帕利正式被美国食品药品监督管理局批准上市，很快也将在中国上市。希望朱莉是全世界最后一位被迫做出如此艰难的选择的女性。

免疫之战: 卡特和艾米丽的神药

　　化学药物就好像人类派出的杀敌部队，可以深入体内杀灭癌细胞。其实我们身体里就有自带的杀敌部队，那就是免疫系统。免疫系统可以防御细菌与病毒的入侵，让每个人都平安长大。按理说癌细胞也是我们身体中的另类，为什么免疫系统对癌细胞没作用呢？

能否唤醒免疫系统，让这个人体最精锐的防御部队去消灭癌细胞，其实是癌症研究的前沿领域——肿瘤免疫机理。目前肿瘤免疫研究领域取得了两个最新进展，已经在癌症病人中试验成功，被美国食品药品监督管理局批准上市了。

第一个进展就是前文中提到的 PD-1 抗体药。癌细胞通过细胞膜上的 PD-L1 蛋白与人体免疫细胞膜上的 PD-1 蛋白进行相互作用而关闭免疫细胞的正常反应。我们可以用基因工程的方法生产出和 PD-1 蛋白严丝合缝的 PD-1 抗体。这个 PD-1 抗体能通过切断 PD-L1 与 PD-1 的相互作用，拆穿癌细胞的骗局，达到唤醒机体免疫系统的目的（见图 23-2）。

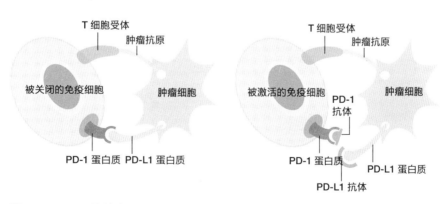

图 23-2　PD-1 抗体和 PD-L1 抗体清除癌细胞伪装、激活免疫细胞

有关 PD-1 抗体疗效的精彩故事你可能已经听说过了。2015 年，美国前总统卡特患黑色素瘤晚期，全身转移，他自己以为很快要离开人世，但接受 PD1 抗体治疗以后，卡特体内的癌细胞完全消失了，至今还健康地活着。发现这个癌症免疫机理的两位科学家——詹姆斯·艾利森（James Allison）和本庶佑（Tasuku Honjo）也因此获得了 2018 年的诺贝尔生理学或医学奖。

PD-1 抗体只是肿瘤免疫研究的一个应用。这几年新出现的还有第二个明星治疗方法——嵌合抗原 T 细胞疗法，简称 CAR-T 疗法。目前，CAR-T 疗法已经被美国食品药品监督管理局批准用于治疗几种血液肿瘤。CAR-T 疗法的作用原理是这样的。科学家先是看癌细胞表面是否会出现一些独特的标志蛋白，然后用基因工程的方法在人体免疫系统的战士——T 细胞里加上识别这些标志物的基因，最终让 T 细胞变成精确制导的导弹去袭击癌细胞（见图 23-3）。

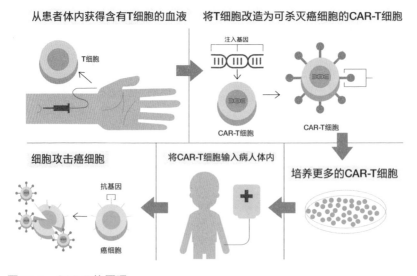

图 23-3　CAR-T 的原理

CAR-T 疗法的关键有三步：第一，先从癌症患者体内分离出血细胞；第二，用病毒作为载体，把可以识别癌细胞表面的标志性蛋白质的基因用病毒运输到 T 细胞里，这相当于是专门让 T 细胞大量产生瞄准这种标志性蛋白质的特种部队 CAR-T 细胞；第三，再将这种具有特殊本领的 CAR-T 细胞特种部队在体外培养壮大以后输回患者体内。

2012 年，7 岁女孩艾米丽被诊断出患有急性淋巴性白血病，治疗后复发了两次，危在旦夕。后来，她成了世界上第一个接受了 CAR-T 疗法临床试验的患者。这个临床试验非常成功，艾米丽体内的癌细胞完全消失了，直到今天都非常健康。艾米丽每年都会在抗癌活动中露面，鼓舞着千千万万与癌症抗争的患者和战斗在研发抗癌新药前线的科学家们（见图 23-4）。

图 23-4　CAR-T 疗法的第一个病人艾米丽

图片来源：美国费城儿童医院网站。

在这里，我并没有用特别多的笔墨讲述抗癌药的研发过程，但是从科学发现到药物的研发和成功上市，里面有太多艰辛的故事和因缘际会。PD-1 抗体作为明星抗癌药物，从发现到药物上市的历程堪称一部史诗。在本书的参考文献部分，有一些相关资料可以供感兴趣的你深入阅读。[37]

终局之战：防患于未然

从化学药物之战到免疫之战，你可能已经在感叹基因科技进步的神速了。那么，下一步我们要往哪里走呢？还有没有更好的抗癌方式呢？最好的方法是随时监控身体，防患于未然。癌症一旦发生，人类就始终处于被动的防御状态，疲于应付。如果我们可以随时监控体内的基因突变情况，是不是就能更早地发现肿瘤呢？如果能在癌症早期就发现肿瘤，尽早切除或者尽早采取措施，就能大大提高我们打败癌症的胜算。

我们前面提到过的液体活检技术就可以实现癌症的预防。这是基因科学在近 10 年取得的最新进展，催生力量是高效快速的基因组测序技术。这些最新的进展从科学发现转化为实用的医学检测方法往往只需要短短几年时间。

液体活检原来被用于无创产前基因检测已经非常成熟，但是被应用于检测导致癌症的基因突变可没那么简单，因为从检测基因突变到发现肿瘤还有一定的距离。所有器官的新陈代谢都通过血液循环进行，所以血液里的 DNA 碎片来自全身所有器官里面的细胞，就算我们从血液里检测到了重要的基因突变，还是不知道究竟是哪个器官里的基因发生了突变，这就好像身体的三维信息在血液里被降维了。

如果我们想知道突变发生在哪个器官里，就必须将 DNA 碎片里的三维身体信息还原出来。怎么还原呢？基因突变的数据明显不够，因为身体里面每一个细胞都有同样的基因。不过不用担心，科学家已经研制出了最新方法。虽然每个细胞里面的基因序列都一样，但是科学家已经发现，在不同器官的细胞里，基因上的标记是不一样的。这些标记就是我们前文中提到的表观遗传学修饰——甲基化标记（见图 23-5）。

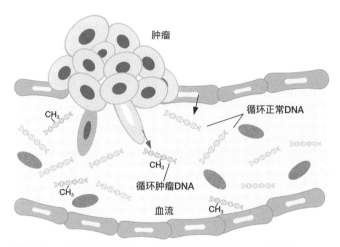

图 23-5　循环肿瘤 DNA 上的表观遗传学修饰——甲基化标记

　　甲基化标记本身的作用是关闭基因的表达，不同的细胞里基因的表达不一样，因此基因组上就会有不同的甲基化标记，负责在不同的细胞里关闭不同的基因。举个例子，大脑神经细胞里的那些正在表达的基因是没有甲基化修饰的，而那些不需要表达的基因，比如肌纤维蛋白的基因，就被做了甲基化标记，然后这些基因就不会在神经细胞里表达了。而在肌肉细胞里，被甲基化标记的是在神经细胞里表达而不在肌肉细胞里面表达的那些离子通道蛋白的基因。就这样，我们就可以获得一张全身不同细胞里不同基因的甲基化标记的图谱。有了这个图谱，我们就可以根据不同细胞里基因甲基化标记的不同，将血液里面读到的一维基因突变信息，还原到身体里的三维空间里去。

我们在血液里找到了一些 DNA 碎片带有这些甲基化标记，怎么知道它们是来自什么器官的呢？将这些 DNA 碎片上的甲基化标记跟全身各种器官里面 DNA 的甲基化图谱对比一下，如果发现跟肝脏细胞里的 DNA 甲基化模式很像，那说明这些 DNA 碎片很有可能来自肝脏细胞。然后就是最重要的一步，通过分析这些 DNA 碎片上的基因信息，我们就知道肝脏细胞里是不是发生了基因突变。

这种基因检测方法已经不是实验室的黑科技了。2019 年 5 月，癌症基因检测的先锋格瑞公司（Grail）开发的多种癌症液体活检测试方法被美国食品药品监督管理局指定为"突破性医疗方法"，这个认定将加快检测方法的开发和审批，距离最终推向市场、为大众服务又迈出了一大步。这个多癌种液体活检策略就包括根据甲基化模式来判断癌种进程的方法。

你可能会问，这个格瑞公司是什么来头？ 2016 年，格瑞公司在美国硅谷成立。这家公司很奇怪，创始人里面并没有生物学家，却要搞大事情，做癌症的基因检测。格瑞公司的几个创始人都是谷歌的高层，包括工程副总裁、做机器学习的副总裁、做基础架构的副总裁等。这几位想用人工智能和大数据算法来分析血液里的 DNA 碎片，希望对肿瘤的早期治疗做出贡献。格瑞公司最早的投资方是谷歌、比尔·盖茨和亚马逊的贝佐斯。相信你从这几个投资方就能看到它的未来了。2017 年 5 月，格瑞公司宣布与卢煜明教授创立的 Cirina 公司合并。

格瑞公司的愿景是"尽早地检测癌症，当它还能被治愈的时候"（detect cancer early, when it can be cured）。是的，未来已来（见图 23-6）。

图 23-6　格瑞公司的愿景

图片来源：格瑞公司授权。

The Gene Enlightenment

1. 人类对抗癌症的总体思路是精准医疗。

2. 人类对抗癌症的三大战役分别是：（1）化学药物之战，科学家研制出了针对不同基因突变的药物；（2）免疫之战，最新的基因工程可以生产出抗体来消灭癌细胞的伪装；（3）终局之战，运用液体活检技术，帮助健康人群预估基因突变的风险。

24
基因编辑：
终极大招

　　运用基因工程方法给细菌和动物植入它们原本没有的基因，让它们帮我们生产药物，只是对基因进行的模块化操作。科学家的终极梦想是精确地修改基因，就像杂志编辑那样，看到文稿中哪个字写错了，可以随时修改。在 21 世纪的第二个 10 年，这种精确编辑基因的技术终于被科学家发现了，这就是 CRISPR/Cas 基因编辑技术。这项技术出现至今只有短短几年，已经成为全人类关注的话题。

　　究竟什么是基因编辑呢？我的定义是对基因组里的 A、T、G、C 碱基进行准确的删除、修改和添加。严格说来，基因编辑的定义指的是"DNA 编辑"，因为被编辑的对象不止有基因，基因组里不是基因的成分也能被编辑。但是大家既然叫习惯了，我们就采用这个说法吧。基因编辑系统应该可以实现两个目标：第一个是在浩瀚的基因组里找到目标碱基，第二个是能够对 DNA 进行高效而准确的编辑。

人类找到的 CRISPR/Cas 基因编辑工具由两个部分组成：第一个部分是一个由 RNA 组成的导向系统，用来在基因组里寻找目标碱基；第二个部分是一个高效率的 DNA 切割蛋白酶，能够对 DNA 进行切割。这两个部分实现了基因编辑系统的两个目标，配合天衣无缝，让 CRISPR/Cas 系统可以在大部分生物的基因组里迅速找到任何位点，并进行编辑操作。

说来很有意思，引发基因工程革命的限制性内切酶是细菌对抗天敌的第一套防御系统。而这个让人类无比兴奋的基因编辑工具，也不是人类的智慧发明，而是细菌对抗天敌的第二套基因武器。说不定细菌里面还有第三套、第四套我们还没发现的更高级的基因武器呢！不管怎么样，CRISPR/Cas 基因编辑系统确实在短短 6 年时间里就改变了人类社会。接下来我们来看看科学家用基因编辑做了什么，以后还能做什么。

基因删除

基因编辑能做什么？首先是能够对基因组里的基因进行准确删除。你可能觉得奇怪，基因不是对我们很重要吗？为什么要删除基因呢？图 24-1 中的这两只比格犬的名字叫"大力神"和"天狗"。这两只狗狗浑身都是肌肉，不过可不是练出来的，而是天生就有的。

你想不用去健身房、吃蛋白粉，天生就浑身肌肉吗？只要删除一个基因就行，这个基因叫肌肉生长抑制素（myostatin）。"大力神"和"天狗"就是用基因编辑的方法敲除了肌肉生长抑制素基因才长成这样的。你可能会担心，这样会影响狗狗的健康吗？请放心，目前这两只狗都非常健康。因为肌肉消耗的能量比脂肪更多，所以"大力神"和"天狗"的食量也比其他狗狗更大，而身体机能方面一切正常。[38]

图 24-1 浑身都是肌肉的"大力神"与"天狗"

图片来源：赖学良教授赠予。

为什么生物体内会有抑制肌肉生长的基因呢？我推测，对自然界中的动物来说，肌肉本身会消耗过多的能量，而在脂肪组织中储存能量非常便捷，这样一来，肌肉就成了一个相对奢侈的配置，够用就行。为了避免肌肉组织过分发达，生物体内还有专门抑制肌肉过度生长的基因。没有人能想到，现代人类丰衣足食之后，要专门花费时间健身，想要增肌减脂。

基因修改

当然，人类的两万多个基因基本上都是有用的。而基因编辑更重要的应用是对会导致疾病的基因突变进行修改。

有一种先天性心脏病——扩张型心肌病就是由基因突变引起的。因为发生突变的基因主要在心脏里表达，所以心脏机能会受到极大影响。心脏是一个被机体层层保护的重要器官，目前的基因疗法还无法抵达这里，所以这种疾病现在仍是不治之症。严重的先天性心脏病常常在新生儿或者幼童中发生，一般可以通过手术进行治疗，而更多的先天性心脏病患者会在 30～40 岁发病。因为基因突变往往是由上一代遗传给下一代的，所以对患者来说，最关心的问题除了寻医问药之外，还包括能否避免让基因突变传给下一代。

这个愿望在医学领域已经实现了，方法叫作"植入前遗传诊断"。具体的操作过程是这样的，首先，我们需要通过分析患者一家的基因组，找到这个致病的基因突变。然后，当基因突变携带者结婚生子的时候，他们要先进行"植入前遗传诊断"，提取精子和卵子在体外受精。在这些受精卵发育到一定阶段后，医生要分别取出几个细胞进行基因检测，最后挑选那些不含有基因突变的受精卵移植入母亲的子宫内孕育下一代。用这种方法，就能将基因突变隔断在上一代，让下一代不受先天性遗传病的威胁。这个过程主要依赖于父代遗传物质传到子代的随机性，总会有正常的胚胎出现，说白了就是靠运气。

有了基因编辑技术之后，我们就不用碰运气了。2017 年，美国与韩国科学家合作，第一次在人类的受精卵里用 CRISPR/Cas 基因编辑技术修复了一个会导致先天性心脏病的基因突变。[39] 这个手术堪称完美，科学家们准确地修改了一个碱基的基因点突变，而且没有引起其他副作用。我们终于可以对先天的基因突变进行修改了。

修改基因后的伦理困境

不过你可能不会想到的是，因为医学伦理学的规定，科学家最终并没有把这个经过基因编辑的受精卵放回母亲子宫里。这是为什么呢？基因突变不是被完美修复了吗？其中一个原因是，基因编辑还不完美，在操作过程中可能给婴儿带来新的缺陷。在医学上，所有医疗手段的风险都要经过医生和伦理学家的充分论证，基因编辑婴儿更是这样，他们一旦出生就将成为人类的一员。帮助下一代修改基因已经有点长辈对我们说"我这是为你好"的意思了，如果他们还将面临新的缺陷或疾病，那这样的后果谁都承担不了。

目前科学家发现的 CRISPR/Cas 系统的常见缺陷有几个，其中最主要的叫脱靶效应。脱靶效应发生的原因是导向系统的精准度还不够好，最终导致 DNA 切割蛋白酶在靶点之外的位置上也进行了编辑。不过我认为这些都是小问题。随着研究的深入，技术性的问题基本上都能很快解决，相信不出几年，科学家就能解决脱靶问题。在基因编辑的问题上，我们真正惧怕的是大自然的防御机制。CRISPR/Cas 系统只是细菌里的基因武器，人类细胞里并没有，大自然会不会有什么武器来反制这种非自然的基因编辑呢？

2018 年 6 月，来自瑞典和英国的科学家均报道，CRISPR/Cas 系统对 DNA 的切割会激活一个重要的抑癌基因 p53，p53 基因是科学家目前发现的对癌细胞的疯狂增殖有重要抑制功能的基因，它的专职工作就是修复 DNA 损伤。换句话说，人类细胞天生是不喜欢 CRISPR 的，突变的基因在接受 CRISPR 修复的时候，DNA 会首先被切割，而切割会触发 DNA 损伤修复系统。认真地做着本职工作的 DNA 损伤修复系统在 p53 的领导下会对被切割的 DNA 进行修复，刚一切割就被修复好了，这样一来 CRISPR/Cas 系统就没法继续工作下去了。这就是机体的天然反基因编辑系统。

如果碰巧躲开了这个反制系统就能顺利进行基因编辑了吗？从这个方面看更可怕，能够躲开反制系统利用 CRISPR/Cas 系统修复基因突变的细胞，其实都是 DNA 损失修复机制有缺陷的细胞，而 DNA 损伤修复机制一旦出现缺陷，那就意味着更有可能产生肿瘤。p53 基因突变是所有肿瘤里面最常见的基因突变。大自然防御基因编辑的武器往往威力巨大，也更残酷无情。[40] 当然，科学家还没有放弃。你可能会问，我们能不能绕开这个大自然的防御系统？现在科学家就在研究一些更为巧妙的方法，比如不去彻底切断 DNA，这样就不会触发损伤修复机制。我相信问题总会有办法解决的，科学和技术就是这样一点点进步的。

基因驱动：改变生物演化的脚步

一个完美的编辑系统除了删除和修改，应该还能添加，那 CRISPR/Cas 基因编辑系统能在基因组里添加基因吗？当然能。接下来我们就来看一个添加基因的极端例子，而这也是现在科学家用基因编辑能做到的最疯狂的事情——基因驱动 (Gene Drive)。

基因驱动是什么意思呢？就是把生物本来没有的基因加入其基因组，人为驱动生物的进化。尽管我们有了屠呦呦发现的青蒿素，但是疟疾依然是人类目前面临的重大威胁。在非洲等地区，疟疾每年还是会夺走数十万人的生命。科学家从 10 年前就开始构思，想培养出一种不会传播疟原虫的蚊子。但是苦于自然繁殖的效率很低，猴年马月也不可能使这种转基因蚊子变为大自然里的优势种群。

有了基因编辑系统，这一切就有可能实现了。科学家可以在蚊子的基因组里装上 CRISPR/Cas 系统，这样一来，就能把一些我们希望它们携带的基因，比如不传播疟原虫的基因迅速扩散到整个蚊子种群里去，这种过程就被称作基因驱动。2015 年，美国科学家在果蝇身上进行了初步试验，证明基因驱动在昆虫的基因组中确实是可能实现的。但是在走向下一步对蚊子进行基因驱动试验的时候，科学家们不约而同地停了下来。

科学家面对的内心挣扎是，人类真的可以这样改变基因演化的历程吗？当蚊子种群的基因被人为改变以后，它们还能在自然界生存吗？没有人知道答案。更极端一点来看，就因为传播疾病、伤害人类，我们就能用基因编辑技术作为武器去消灭一个物种吗？科学与伦理的交战摆在科学家面前，那基因编辑的边界在哪儿呢？[41] 对于基因科学发展与人类社会的抉择，每个人都有发言权。在这里，我想请你思考三个问题：

1. 我们能否运用基因编辑的方法改变人类受精卵中的基因，对可能导致疾病的基因突变进行修复？

2. 我们能否运用基因编辑方法，在影响人类健康的物种中用基因驱动来改变它们，或者干脆消灭它们？

3. 我们能否运用基因编辑方法，在受精卵或人类胚胎的早期阶段修改其基因，改变孩子的未来身高、体能或智商等？

面对这些基因科学中的伦理难题，每一个人都应该了解相关常识，提出具有建设性的观点和意见。

1. 在 21 世纪的第二个 10 年，科学家发现了 CRISPR/Cas 基因编辑工具，可以实现对基因的精确编辑。

2. CRISPR/Cas 基因编辑工具由两个部分组成，第一个是由 RNA 组成的导向系统，用来在基因组里寻找目标碱基，第二个是由 DNA 切割酶组成的切割系统。

3. 利用基因编辑技术，我们将能够精确修改致病基因，给众多遗传病患者带来希望。遗憾的是，目前的基因编辑技术还不够完美，在操作过程中可能造成新的缺陷。

25
人类与基因的未来

在知道了人类与基因的百年恩怨后，不知道你对基因究竟是爱是恨？无论是爱是恨，人类和基因的故事都将继续下去。不管人类未来是否会存在，我想基因都会延续下去，也许是在其他星球上，也许是以完全不同的状态存在并繁衍下去。

为什么基因仍然是前沿科学

当今的前沿科学领域是什么？你可能会回答，人工智能。人工智能在某些方面已经超越了人类，比如在象征着人类顶级智慧的棋类活动中，人类最优秀的棋手已经被计算机打败了。而之前需要学习数十年才可以完成的医生和律师的工作，现在也好像可以由人工智能来担任了，我们有人工智能医生、人工智能律师，甚至我们看到的新闻也可能是人工智能算法生成的，而人们甚至根本无法分辨这些新闻究竟是由记者采写还是由人工智能技术生成的。人们常常为人类好像即将被人工智能取代感到担忧。

有些研究者已经开始讨论后人工智能时代人类能做些什么了，是养老、享受生活，还是像动画片《机器人总动员》中呈现的那样——肥头大耳的人类靠支配机器生活？在我看来，这些担忧完全是杞人忧天。在充分理解基因之前，我们不可能设计出真正能够取代人类的人工智能。

2011 年，IBM 公司的超级计算机"沃森"（Watson）第一次参加美国电视节目——《危险边缘》问答比赛，战胜了人类选手，拿走了最高奖金。那时，人们都以为人工智能时代真的来了。几年来，"沃森"已经被应用到许多医疗场合，用于疾病的辅助诊断。但是，就像人类历史上无数曾经被高估的技术泡沫一样，2018 年 5 月，IBM 公司宣布负责运营"沃森"的子公司将裁员 50% ～ 70%，原因是无法给公司带来盈利。换句话说，人工智能还不能当人使。医生发现"沃森"还不足够聪明，甚至经常开错药。在与医生同行的交流中我也了解到，目前在医疗影像领域，希望用人工智能算法来根据医学影像进行诊断的公司多如牛毛，这些利用人工智能算法建立的软件系统确实可以帮上医生的忙，但是说到取代医生，甚至导致医生失业还为时尚早。

2014 年，在会下棋的人工智能 AlaphGo 出现后，大家又开始担忧未来人类会不会成为人工智能的奴隶。我认为，现阶段讨论人工智能能否取代人类毫无意义。人类的智能究竟如何产生并运行，我们现在还不清楚。人工智能如果需要超过人类，光下棋还远远不够，只会某一项技能的人工智能叫人工智能（Artificial Intelligence），而可以匹敌人类智能的被称为通用人工智能（Artificial General Intelligence）。通用人工智能究竟怎么设计，何时能够实现，没有人知道。

通向生命 3.0 的最后一跃

在畅销书《生命 3.0》中，我最喜欢的是它的前言部分，那简直就是一部科幻微小说。《生命 3.0》的作者、麻省理工学院物理系教授泰格马克认为，生命就像一台计算机，生物体的物理结构对应计算机的硬件，生物体的行为模式，比如对食物的反应等，对应计算机的软件。生命有三个版本，1.0 版本就是大自然中的微生物与动植物，它们的基因随机发生突变与重组，在自然选择的作用下缓慢进化。

人类是生命的 2.0 版本，与只能在自然选择下进化的生命 1.0 版本不同，人类的软件系统，也就是我们的行为模式及系统化的知识，是大脑通过后天学习获得的。人类拥有主动学习的能力，这个能力让我们可以自主更新软件，因此进化的速度也更快。人类的局限在于我们无法更新硬件，因为身体结构是由基因决定的。泰格马克认为，人类以后必然被能够同时自主更新硬件和软件的人工智能，也就是生命的 3.0 版本所取代。他甚至认为，人类存在的意义就是尽快推动生命进化到 3.0 版本，否则人类的最终命运肯定会在太阳衰亡的时刻终结，或者在宇宙中某个近处超新星爆发的时候终结。只有生命的 3.0 版本才能找到永生的方式，将生命，不管什么版本的生命，传播到宇宙深处。

泰格马克教授的其中一个论据非常有意思，他说，"突触（脑细胞之间的连接结构，由基因编码的蛋白质组成）可以存储 100TB 的信息，而 DNA 只存储了大约 1GB 的信息，还不如一部电影的容量大"。其实学界还有各种计算 DNA 中的信息量的方法，问题在于，你觉得用一维的方式计算人类基因组里的信息公平吗？

《生命 3.0》中还提出，"从基因的桎梏中解放出来之后，人类总体的知识量将以越来越快的速度增长"。很可惜，我完全不认同这句话，人类进化的历程告诉我们，基因并非智能演化的桎梏，而是推手。我认为，只有人类真正理解了基因在进化中的推动作用，才能理解怎样设计下一个版本的生命形式。理解了基因怎样推动人类智能的诞生，难道不会给人类设计下一个版本的生命提供重要的启示吗？

人类确实无法修改自己的硬件，但是我们的软件，也就是行为认知能力，是由基因决定的，而基因是能够升级软件的硬件。正是基因让我们设计出了人工智能算法，将其应用于升级生命的下一种形式，如果真的存在的话。只有真正理解了基因在人类智能演化中的推动作用，人类才能掌握设计出下一代智能生命的能力。泰格马克教授是物理学家，而用软件和硬件来划分生命形式也很"物理学"。如果我们没有真正理解基因的奥秘，那么充其量只能升级到生命的2.5 版本。要完成从生命 2.5 到生命 3.0 的最后一跃，我们必须理解基因。

基因科学的未尽前沿

那我们究竟要理解基因的什么奥秘，才能最终理解人类智能的起源呢？在前面的内容中，我们提到了人类与其他物种相比的独特之处。其中包含着一个让科学家非常痴迷的问题：人之为人，究竟有没有基因的贡献？与演化上最近的亲戚猿类相比，人类是不是具有某些独特的基因，最终导致我们与其他灵长类分道扬镳，在人类进化的道路上狂奔？

科学家（包括我自己）都希望找到人类不同于其他物种的新基因，然后回答以下几个未解之谜：第一，人类的意识及自我意识是不是因为演化过程中出现了新基因或者新的基因开关？第二，人类新基因和基因开关是如何延缓大脑发育，为人类智能打下基础的？这些未解之谜也是目前全世界科学家正全力攻克的科学难题。

10 年为界，不提未来

人类对未来的畅想总是带有玫瑰色的滤镜。如果你能够找到 20 世纪五六十年代的人们对 21 世纪的期待，估计会大吃一惊。我认为现在谈论人工智能是否会威胁到人类毫无意义。科学家的任务是找到通往未来的路，而不是担忧 50 年后或者更远的时间以后的问题。如果连如何实现下一个目标都不知道，谈何做准备？

科学的发展有时非常缓慢，20 世纪 90 年代生物学家就第一次利用体细胞克隆了哺乳动物，那时全世界人都以为克隆人要来了，结果呢？直到 2018 年，科学家才实现了利用体细胞克隆非人灵长类动物，而且效率依然很低。20 世纪 90 年代，认识到生命系统的复杂性让科学家以为找到了揭开生命自组织、涌现性之谜的钥匙，结果呢？我们直至今天仍然在积累生物学的大数据。

科学研究的目标应该是理性且冷静地推进科学的进步。在未来的 5 ～ 10 年内，我们究竟能实现什么呢？在基因科学方面，大家可以期待的目标至少有两个。

第一，运用基因组数据进行疾病的预测和诊断。在接下来的几年中，这方面会有更多的研究成果出炉。这个目标的实现需要几个要素，最重要的是基因大数据的有效积累，以及高质量的分析。在日益增多的基因组大数据中，我们是否可以挖掘更多关于人类性状与基因的关系的信息呢？当然可以。我们是从两个方向进行这些研究的，一方面是运用传统生物学的方法，刨根问底地研究基因与生物体特征的关系；另一方面是运用统计工具，在海量的基因组数据中进行信息挖掘。

第二，基因疗法将治愈更多的遗传疾病。基因治疗走过了近 30 年的发展历史，其中有高峰也有低谷，每一种新技术几乎都会经历期待过高的泡沫期和泡沫破碎的低谷期，以及逐渐成熟的稳定发展期。基因治疗技术现在日臻成熟，在对遗传疾病的治疗中捷报频传。我认为基因疗法是除了化学药物、抗体药物之外的第三大类武器，能够像疫苗和抗生素一样，帮助人类抵御疾病，保持健康。在接下来的 5 ～ 10 年，我们会听到更多有关基因治疗的好消息。

基因科学的伦理边界

我还希望谈谈基因科学研究的伦理边界。作为一个科学家，我时常扪心自问，科学研究真的可以没有限制吗？在前文中，我们说到 2017 年科学家已经利用基因编辑技术修复了受精卵中的致病基因突变，那究竟能不能把经过基因编辑的受精卵移植回子宫里，让其顺利成长为人呢？

对于这个问题，我相信没有人能给出标准答案。不过，面对未知的将来，恐惧和后退永远不是解决之道。科学的发展总会向前，人类社会从来都是在科学技术的推动下向前发展的，从来没听说禁止使用某项高端技术能让人类社会更安全。

作为科学共同体的一员，我希望把自己的努力用在让基因编辑技术变得更安全、更有效上，把基因编辑这把手术刀从上帝手中抢回来，给遗传病患者治病。至于在什么时候和什么地方可以用这么强大的武器，确实不应该只由科学家说了算。应该由科学共同体与社会各界携起手来，用科学的准则与社会公认的伦理道德来画出科学的边界。科学有边界，但是科学研究本身不应该有禁区。基因科学的前沿，也是人类科学的最前沿。

1. 当今的前沿科学领域仍然是基因研究。在充分理解基因之前，我们不可能设计出真正能够取代人类的人工智能。

2. 人类无法修改自己的硬件，但我们的软件——由基因决定的行为认知能力是能够升级的。

3. 随着基因科学的发展，我们将能够运用基因组数据进行疾病的预测和诊断，基因疗法也能帮助医生治愈更多的遗传病患者。

　　作为一位从事基础科学的研究者，撰写一部面向大众的通俗科普书籍是我原来从未想过的。自认文采有限，没有生花妙笔，写个几千字的科普文章尚有些乐趣，要是撰写数十万字的书稿，真是不知从何下笔。感谢"得到"，让我在梦中都不敢想的任务成为现实。

　　当我开始为"得到"撰写基因科学的课程讲稿之后，我发现自己面临着双重困境。一方面是不确定自己撰写的内容是否足够通俗易懂，而这个难题在"得到"总编宣明栋老师和主编Emma（张宫砥擎）小姐的帮助下一步一步克服了。另一方面的困境是我不确定如何定义基因的重要性。我突然发现，在研究了基因十几年之后，我从未认真想过这个问题。我该向大众传达何种科学信息呢？是科学的宿命论还是科学的未知论？

　　抱着这些疑问，我开始疯狂查阅国内外几乎所有关于基因的科普书，想要看看前人都讲了些什么。时至今日，我们究竟该用何种态度来看待基因呢？如果是科学的未知论，那肯定不对，因为我们已经知道基因决定了动物与人类的行为。如果是科学的宿命论，那更不对，因为我自己也出身寻常人家，凭着后天的努力和名师相助获得了一点点成绩，这些与其说是宿命，不如说是努力加运气。同样，谁都可以努力，不论出生时是富贵还是贫穷，努力后总有回报。

在写作本书的第二部分时，我发现了美国卡罗来纳初学者计划，这些不为人所知的史诗般的努力解开了我心中的疑惑——基因决定了人的先天能力，但绝非命运。得益于 2018 年和 2019 年的最新发现，我又发现，虽然智力有先天基因决定的成分，甚至可以说智力大部分是由基因决定的，但是一个人在社会上取得的成就则与基因关系不大。换句话说，现在看上去拥有更高的社会地位、收入更多的人，并不是因为他们的基因更好，而是因为他们的家庭环境及个人后天的努力。从生物学角度上来说，一个人的命运远非基因可以限定的。

在写完"基因并非命运"那章以后，我与基因握手言和。我一下子明白了所有的疑惑，脑中闪过这个句子——修改自斯多葛派的名言，与你共勉：

希望我们拥有胸怀来拥抱自己的基因，拥有勇气来积极面对自己的命运。希望基因科学能让我们更有智慧去分辨两者之间的区别。

第一部分　认识基因：基因的三大定律

1. Lello L, et al. Accurate Genomic Prediction of Human Height. *Genetics*, 2018 Oct;210(2):477-497.

2. Lee J J, et al. Gene discovery and polygenic prediction from a genome-wide association study of educational attainment in 1.1 million individuals. *Nature Genetics*, 2018 Aug;50(8):1112-1121.

3. David Hill, et al. Genetic analysis identifies molecular systems and biological pathways associated with household income. BioRxiv, doi: https://doi.org/10.1101/573691.

4. Hamatani T, Carter M G, Sharov A A, Ko M S. Dynamics of global gene expression changes during mouse preimplantation development. *Development Cell*, 2004 Jan;6(1):117-31.

5. Jinek M, Chylinski K, Fonfara I, Hauer M, Doudna J A, Charpentier E. A programmable dual-RNA-guided DNA endonuclease in adaptive bacterial immunity. *Science*, 2012 Aug 17;337(6096):816-21.

6. Cong L, Ran F A, Cox D, Lin S, Barretto R, Habib N, Hsu P D,

Wu X, Jiang W, Marraffini L A, Zhang F. Multiplex genome engineering using CRISPR/Cas systems. *Science*, 2013 Feb 15;339(6121):819-23.

7. Mali P, Yang L, Esvelt K M, Aach J, Guell M, DiCarlo J E, Norville J E, Church G M. RNA-guided human genome engineering via Cas9. *Science*, 2013 Feb 15;339(6121):823-6.

8. Vierbuchen T, Ostermeier A, Pang Z P, Kokubu Y, Südhof T C, Wernig M. Direct conversion of fibroblasts to functional neurons by defined factors. *Nature*, 2010 Feb 25;463(7284):1035-41.

9. Tanabe K, Ang C E, Chanda S, Olmos V H, Haag D, Levinson D F, Südhof T C, Wernig M. Transdifferentiation of human adult peripheral blood T cells into neurons. *Proceedings of the National ocademy of the USA*, 2018 Jun 19;115(25):6470-6475.

第二部分　基因与人：基因如何塑造了人类生活

10. Lai C S, Fisher S E, Hurst J A, Vargha-Khadem F, Monaco A P.A forkhead-domain gene is mutated in a severe speech and language disorder. *Nature*, 2001 Oct 4;413(6855):519-23.

11. Enard W, Przeworski M, Fisher S E, Lai C S, Wiebe V, Kitano T, Monaco AP, Pääbo S.Molecular evolution of FOXP2, a gene involved in speech and language. *Nature*, 2002 Aug 22;418(6900):869-72.

12. Krause J, Lalueza-Fox C, Orlando L, Enard W, Green R E, Burbano H A, Hublin J J, Hänni C, Fortea J, de la Rasilla M, Bertranpetit J, Rosas A, Pääbo S. The derived FOXP2 variant of modern humans was shared with Neandertals. *Current Biology*, 2007 Nov 6;17(21):1908-12.

13. Charrier C, Joshi K, Coutinho-Budd J, Kim J E, Lambert N, de Marchena J, Jin W L, Vanderhaeghen P, Ghosh A, Sassa T, Polleux F. Inhibition of SRGAP2 function by its human-specific paralogs induces neoteny during spine maturation. *Cell*, 2012 May 11;149(4):923-35.

14. Liu X, Somel M, Tang L, Yan Z, Jiang X, Guo S, Yuan Y, He L, Oleksiak A, Zhang Y, Li N, Hu Y, Chen W, Qiu Z, Pääbo S, Khaitovich P. Extension of cortical synaptic development distinguishes humans from chimpanzees and macaques. *Genome Research*, 2012 Apr;22(4):611-22.

15. 同 14。

16. Brunner H G, Nelen M R, van Zandvoort P, Abeling N G, van Gennip A H, Wolters E C, Kuiper M A, Ropers H H, van Oost B A. X-linked borderline mental retardation with prominent behavioral disturbance: phenotype, genetic localization, and evidence for disturbed monoamine metabolism. *American Journal of Human Genetics*, 1993 Jun;52(6):1032-9.

    Brunner H G, Nelen M, Breakefield X O, Ropers H H, van Oost B A. Abnormal behavior associated with a point mutation in the structural gene for monoamine oxidase A. *Science*, 1993 Oct 22;262(5133):578-80.

17. Caspi A, McClay J, Moffitt T E, Mill J, Martin J, Craig I W, Taylor A, Poulton R. Role of genotype in the cycle of violence in maltreated children. *Science*, 2002 Aug 2;297(5582):851-4.

18. Frydman C, Camerer C, Bossaerts P, Rangel A. MAOA-L carriers are better at making optimal financial decisions under risk. *Proceeding Biology Science*, 2011 Jul 7;278(1714):2053-9.

19. Donaldson Z R, Young L J. Oxytocin, vasopressin, and the neurogenetics of sociality. *Science*, 2008 Nov 7;322(5903):900-4.

    Young LJ. Being human: love: neuroscience reveals all. *Nature*, 2009 Jan 8;457(7226):148.

20. Scott N, Prigge M, Yizhar O, Kimchi T. A sexually dimorphic hypothalamic circuit controls maternal care and oxytocin secretion. *Nature*, 2015 Sep 24;525(7570):519-22.

21. Squire L R, Barondes S H. Actinomycin-D: effects on memory at different times after training. *Nature*, 1970 Feb 14;225(5233):649-50.

22. Savage J E, et al. Genome-wide association meta-analysis in 269,867 individuals identifies new genetic and functional links to intelligence. *National*

Genetics. 2018 Jul;50(7):912-919.

Sniekers S, et al. Genome-wide association meta-analysis of 78,308 individuals identifies new loci and genes influencing human intelligence. *National Genetics*, 2017 Jul;49(7):1107-1112.

23. Tobi E W, Slieker R C, Luijk R, Dekkers K F, Stein A D, Xu K M; Biobank-based Integrative Omics Studies Consortium, Slagboom P E, van Zwet E W, Lumey L H, Heijmans B T. DNA methylation as a mediator of the association between prenatal adversity and risk factors for metabolic disease in adulthood. *Science Advance*, 2018 Jan 31;4(1):eaao4364.

24. Le, et al. Drug-seeking motivation level in male rats determines offspring susceptibility or resistance to cocaine-seeking behaviour. *Nature Communications*, 2017 May 30;8:15527.

25. The Abecedarian Project : https://abc.fpg.unc.edu/

26. Luo, et al. Early childhood investment impacts social decision-making four decades later. *Nature Communications*, 2018 Nov 20;9(1):4705.

27. [加] 基思·斯坦诺维奇. 机器人叛乱. 北京：机械工业出版社，2015。

第三部分　人类的觉醒：我们如何了解基因

28. Craig Venter, *A life decoded*.

29. Diana Chang, Mike A Nalls, Ingileif B Hallgrímsdóttir, Julie Hunkapiller, Marcel van der Brug, Fang Cai, International Parkinson's Disease Genomics Consortium, 23andme Research Team, Geoffrey A Kerchner, Gai Ayalon, Baris Bingol, Morgan Sheng, David Hinds, Timothy W Behrens, Andrew B Singleton, Tushar R Bhangale & Robert R Graham. A meta-analysis of genome-wide association studies identifies 17 new Parkinson's disease risk loci. *Nature Genetics*, 49, 1511–1516 (2017).

30. Morgan J T, Fink G R, Bartel D P. Excised linear introns regulate growth in yeast. *Nature*, 2019 Jan;565(7741):606-611.

Parenteau J, Maignon L, Berthoumieux M, Catala M, Gagnon V, Abou Elela S. Introns are mediators of cell response to starvation. *Nature*, 2019 Jan;565(7741):612-617.

第四部分　人类的反叛：我们如何操纵基因

31. https://teachingexcellence.mit.edu/from-the-vault/hypothetical-risk-cambridge-city-councils-hearings-on-recombinant-dna-research-1976.
    Stephen S. Hall, *Invisible Frontiers: the race to synthesize a human gene*.
    James Watson, Double Helix.
32. Sally Smith Hughes, *Genentech: The beginnings of biotech*.
33. Stephen S. Hall, *Invisible Frontiers: the race to synthesize a human gene*.
    Sally Smith Hughes, *Genentech: The beginnings of biotech*.
34.《知识分子》公众号文章《两只小鼠的江湖》。
35. Turner T N, Coe B P, Dickel D E, Hoekzema K, Nelson B J, Zody M C, Kronenberg Z N, Hormozdiari F, Raja A, Pennacchio L A, Darnell R B, Eichler EE. Genomic Patterns of De Novo Mutation in Simplex Autism. *Cell*, 2017 Oct 19;171(3):710-722.
36. Tomasetti C, Vogelstein B. Cancer etiology. Variation in cancer risk among tissues can be explained by the number of stem cell divisions. *Science*. 2015 Jan 2;347(6217):78-81
    Wu S, Powers S, Zhu W, Hannun Y A. Substantial contribution of extrinsic risk factors to cancer development. *Nature*, 2016 Jan 7;529(7584):43-7.
    Tomasetti C, Li L, Vogelstein B. Stem cell divisions, somatic mutations, cancer etiology, and cancer prevention. *Science*, 2017 Mar 24;355(6331):1330-1334.
37. 同 34。
38. Zou Q, Wang X, Liu Y, Ouyang Z, Long H, Wei S, Xin J, Zhao B, Lai S, Shen J, Ni Q, Yang H, Zhong H, Li L, Hu M, Zhang Q, Zhou Z, He J, Yan Q, Fan N, Zhao Y, Liu Z, Guo L, Huang J, Zhang G, Ying J, Lai L, Gao X. Generation of gene-

target dogs using CRISPR/Cas9 system. *Journal of Molecular Cell Biology*, 2015 Dec;7(6):580-3.

39. Ma H, Marti-Gutierrez N, Park S W, Wu J, Lee Y, Suzuki K, Koski A, Ji D, Hayama T, Ahmed R, Darby H, Van Dyken C, Li Y, Kang E, Park A R, Kim D, Kim S T, Gong J, Gu Y, Xu X, Battaglia D, Krieg S A, Lee D M, Wu D H, Wolf D P, Heitner S B, Belmonte J C I, Amato P, Kim J S, Kaul S, Mitalipov S. Correction of a pathogenic gene mutation in human embryos. *Nature*, 2017 Aug 24;548(7668):413-419.

40. Emma Haapaniemi, Sandeep Botla, Jenna Persson, Bernhard Schmierer & Jussi Taipale. CRISPR–Cas9 genome editing induces a p53-mediated DNA damage response *Nature Medicine*, 24, 927–930 (2018).

   Robert J. Ihry, Kathleen A. Worringer, Max R. Salick, Elizabeth Frias, Daniel Ho, Kraig Theriault, Sravya Kommineni, Julie Chen, Marie Sondey, Chaoyang Ye, Ranjit Randhawa, Tripti Kulkarni, Zinger Yang, Gregory McAllister, Carsten Russ, John Reece-Hoyes, William Forrester, Gregory R. Hoffman, Ricardo Dolmetsch & Ajamete Kaykas. p53 inhibits CRISPR–Cas9 engineering in human pluripotent stem cells. *Nature Medicine*, 24, 939–946 (2018).

41. Akbari O S, Bellen H J, Bier E, Bullock S L, Burt A, Church G M, Cook K R, Duchek P, Edwards O R, Esvelt K M, Gantz V M, Golic K G, Gratz S J, Harrison M M, Hayes K R, James A A, Kaufman T C, Knoblich J, Malik H S, Matthews K A, O'Connor-Giles K M, Parks A L, Perrimon N, Port F, Russell S, Ueda R, Wildonger J. BIOSAFETY, Safeguarding gene drive experiments in the laboratory. *Science*, 2015 Aug 28;349(6251):927-9.

致 谢

　　这本书的成型，首先要感谢我的好友王立铭教授的启发与鼓励，他是一位文采飞扬的生物学家。他撰写的诸多科普著作，让我看到一线科学家自己撰写科普作品的必要，极大地鼓舞了我下笔的决心。我还要感谢在"得到"课程构思过程中提供了重要思路的杜若洋，如果没有他的奇思妙想，恐怕我的基因科学课程不会那么亲近大众。

　　这本书成型于"得到"App 的基因科学在线课程，对此课程帮助最大的是得到总编宣明栋老师、主编 Emma（张宫砥擎）和薛田。是毫无生物学背景的他 / 她们一次次不懈地追问，让我逐渐学会把深奥的科学知识用通俗易懂的语言讲给外行人听。毫不夸张地说，没有他 / 她们，就没有"得到"App 的基因科学课程，也就不会有这本书。

感谢本书出版过程中简学老师、李亚楠老师付出的大量心血，以及参与插图设计的门玉柱、张志浩、杨雅文、任晓莹、张永辉、印诗琪等老师与齐昕同学的专业工作。感谢他们的倾力协助，本书中的瑕疵以致错误都由本人负责。

最后，我要感谢为此书撰写序言的饶毅教授、李治中博士，他们对于科学与科普的热情深深感染了我。我还要感谢诸多师长、好友，大刘、严锋教授、吴军博士、姬十三、王立铭教授为此书撰写了推荐语。科普写作之路很漫长，有了他们的肯定与祝福，相信我可以继续坚定地走下去！

未来，属于终身学习者

我这辈子遇到的聪明人（来自各行各业的聪明人）没有不每天阅读的——没有，一个都没有。巴菲特读书之多，我读书之多，可能会让你感到吃惊。孩子们都笑话我。他们觉得我是一本长了两条腿的书。

——查理·芒格

互联网改变了信息连接的方式；指数型技术在迅速颠覆着现有的商业世界；人工智能已经开始抢占人类的工作岗位……

未来，到底需要什么样的人才？

改变命运唯一的策略是你要变成终身学习者。未来世界将不再需要单一的技能型人才，而是需要具备完善的知识结构、极强逻辑思考力和高感知力的复合型人才。优秀的人往往通过阅读建立足够强大的抽象思维能力，获得异于众人的思考和整合能力。未来，将属于终身学习者！而阅读必定和终身学习形影不离。

很多人读书，追求的是干货，寻求的是立刻行之有效的解决方案。其实这是一种留在舒适区的阅读方法。在这个充满不确定性的年代，答案不会简单地出现在书里，因为生活根本就没有标准确切的答案，你也不能期望过去的经验能解决未来的问题。

湛庐阅读App：与最聪明的人共同进化

有人常常把成本支出的焦点放在书价上，把读完一本书当作阅读的终结。其实不然。

时间是读者付出的最大阅读成本
怎么读是读者面临的最大阅读障碍
"读书破万卷"不仅仅在"万"，更重要的是在"破"！

现在，我们构建了全新的"湛庐阅读"App。它将成为你"破万卷"的新居所。在这里：

● 不用考虑读什么，你可以便捷找到纸书、有声书和各种声音产品；
● 你可以学会怎么读，你将发现集泛读、通读、精读于一体的阅读解决方案；
● 你会与作者、译者、专家、推荐人和阅读教练相遇，他们是优质思想的发源地；
● 你会与优秀的读者和终身学习者为伍，他们对阅读和学习有着持久的热情和源源不绝的内驱力。

从单一到复合，从知道到精通，从理解到创造，湛庐希望建立一个"与最聪明的人共同进化"的社区，成为人类先进思想交汇的聚集地，与你共同迎接未来。

与此同时，我们希望能够重新定义你的学习场景，让你随时随地收获有内容、有价值的思想，通过阅读实现终身学习。这是我们的使命和价值。

湛庐阅读App玩转指南

湛庐阅读App结构图：

三步玩转湛庐阅读App：

听一听 ▼

泛读、通读、精读，
选取适合你的阅读方式

读一读 ▼

湛庐纸书一站买，
全年好书打包订

扫一扫 ▼

买书、听书、讲书、
拆书服务，一键获取

App获取方式：
安卓用户前往各大应用市场、苹果用户前往App Store
直接下载"湛庐阅读"App，与最聪明的人共同进化！

使用App 扫一扫功能，
遇见书里书外更大的世界!

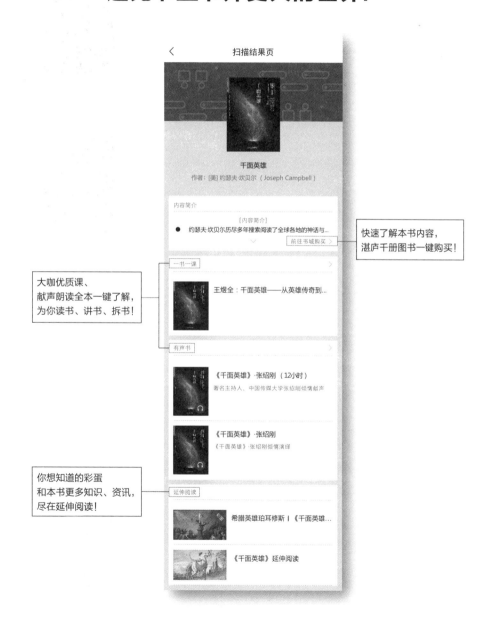

快速了解本书内容，
湛庐千册图书一键购买!

大咖优质课、
献声朗读全本一键了解，
为你读书、讲书、拆书!

你想知道的彩蛋
和本书更多知识、资讯，
尽在延伸阅读!

延伸阅读

《上帝的手术刀》

◎ 一本细致讲解生物学热门进展的科普力作，一本解读人类未来发展趋势的精妙"小说"。

◎ 打开基因科学深奥的硬壳，展现人类探索自身的的历史进程，从分子层面出发，重新思考人类的过去、现在和未来。

◎ 郝景芳、魏文胜、刘慈欣、李英睿、菠萝等众多大咖鼎力推荐！

使用"湛庐阅读"APP，
"扫一扫"获取本书更多精彩内容
ISBN 978-7-213-07975-7

《基因之河》

◎ 《基因之河》是理查德·道金斯在继《自私的基因》之后的又一经典作品，一本以现代生物学观点来解释生命进化过程的科普读物。

◎ 《基因之河》属于湛庐文化重磅推出的"科学大师书系"图书之一。"科学大师书系"精选了宇宙学、物理学、生物学、计算机科学、认知科学等领域的10本经典著作，其作者既是世界一流的思想者，又是文采斐然的科普作家——理查德·道金斯、贾雷德·戴蒙德、丹尼尔·丹尼特、马丁·里斯等。这些书将直接送你站上大师的肩膀。

使用"湛庐阅读"APP，
"扫一扫"获取本书更多精彩内容
ISBN 978-7-213-09485-9

《人人都该懂的克隆技术》

◎ 在克隆羊多利诞生之后，克隆技术又取得了哪些进展？

电影中的克隆人情节可以变成现实吗？

我们应该如何建设性地参与克隆及遗传相关技术引发的伦理学讨论？

有没有什么办法真正解决和绕开由克隆引发的伦理学争端？

……

所有这些有关克隆技术的问题，你都可以在《人人都该懂的克隆技术》这本书中找到答案。

使用"湛庐阅读"APP，
"扫一扫"获取本书更多精彩内容
ISBN 978-7-213-09195-7

《人人都该懂的遗传学》

◎ 基因的真正功能是什么？

转基因作物与食物有什么益处或危害？

基因治疗如何帮助我们治愈疾病？

现代遗传学技术给人类带来了哪些伦理挑战？

……

所有这些问题的答案，你都可以从本书中找到。

使用"湛庐阅读"APP，
"扫一扫"获取本书更多精彩内容
ISBN 978-7-213-09322-7

图书在版编目（CIP）数据

基因启示录 / 仇子龙著 . 一杭州 : 浙江人民出版
社 , 2020.1
  ISBN 978-7-213-09588-7

Ⅰ . ①基… Ⅱ . ①仇… Ⅲ . ①基因—普及读物 Ⅳ.
① Q343.1-49

中国版本图书馆 CIP 数据核字（2019）第 277376 号

上架指导：生命科学

基因启示录

仇子龙　著

出版发行：浙江人民出版社（杭州体育场路 347 号　邮编　310006）
　　　　　市场部电话：(0571) 85061682　85176516
集团网址：浙江出版联合集团　http://www.zjcb.com
责任编辑：尚　婧
责任校对：姚建国
印　　刷：北京盛通印刷股份有限公司
开　　本：720mm×965mm　1/16　　　印　　张：17.75
字　　数：249 千字
版　　次：2020 年 1 月第 1 版　　　　印　　次：2020 年 1 月第 1 次印刷
书　　号：ISBN 978-7-213-09588-7
定　　价：79.90 元